U0123916

职场心语

多数人能走的路

一位董事长写给职场人的心里话

鲁贵卿 雪静 著

广西师范大学出版社
GUANGXI NORMAL UNIVERSITY PRESS
·桂林·

图书在版编目（CIP）数据

多数人能走的路：一位董事长写给职场人的心里话 / 鲁贵卿，雪静著. —桂林：广西师范大学出版社，2016.6
（2018.4 重印）
（职场心语）
ISBN 978-7-5495-8307-2

Ⅰ. ①多… Ⅱ. ①鲁…②雪… Ⅲ. ①成功心理—通俗读物 Ⅳ. ①B848.4-49

中国版本图书馆 CIP 数据核字（2016）第 133147 号

广西师范大学出版社出版发行
（广西桂林市五里店路 9 号 邮政编码：541004
网址：http://www.bbtpress.com）
出版人：张艺兵
全国新华书店经销
济南万方盛景印刷有限公司印刷
（山东省济南市历下区文化东路 59 号 B 座 1-201 邮政编码：250014）
开本：720 mm × 1 020 mm 1/16
印张：17.25 字数：130 千字
2016 年 6 月第 1 版 2018 年 4 月第 3 次印刷
定价：55. 00 元

序 一

鲁贵卿先生把他多年在企业管理工作实践中带队伍、育人才方面的讲话、文稿、心得体会以及与青年朋友交流座谈的对话等，进行了系统梳理和提炼编辑，写成了《职场心语：多数人能走的路》一书，希望我为这本书写一个序。

本书梳理了一位职场人士在发展中遇到的种种问题，以自己的人生阅历、管理实践和思考，提出了相应的解决办法，以及个人在职场中积累、成长、发展的路径。书中提出的“职业人生五十年”、“人生结果方程式”、“七成定律”和“人生如建楼”的比喻等都有一定的参考价值。

另外，本书还详细谈到了做人做事，对传统文化的传承，对义和利，善良、信用、认真、感恩、敬畏之心等一些做人准则，结合当下的社会现状、职场案例做了分析。

在当下社会，已经有越来越多的企业管理者在用合适的方法，通过对传统文化的反思与传承，形成自己企业特有的文化，不断积累企业的“正能量”，并传递给社会，从而也使得社会的商业环境不断进步。只要坚持下去，我们的民族复兴一定是大有希望的。

柳传志

2016年3月

序 二

职场，是人生的舞台。

当时光把青春交给我们，我们便踏上这方缤纷的舞台，找到自己的角色，伴随着生命的乐章，演绎着喜怒哀乐，直到生命的帷幕缓缓落下。

职场，是每个人一生中重要的一部分。职场的迷茫或奋进，快乐或痛苦，成功或失败，都深深地影响着一个人生命的质量。沿着职场的路，我们付出青春、时间、智慧，还有内心深处那一份沸腾的热血，辛苦地跋涉在时光里。远方，是一片金灿灿的麦田，那里，或许有属于我们的食粮。财富、声望、个人价值、快乐、幸福……我们想要的有那么多。可是，通往麦田的路，太远太长，太曲折太坎坷；前往麦田的路上，人太多太拥挤，常常会阻挡我们艰难前行的脚步，甚至不时地，还会飘来浓重的雾霾，挡住了双眼，让我们找不到方向。

职场，似乎只是一块块名叫“偶然”的砖铺成的不规则的路，如同夜空中点点闪烁的繁星，似乎杂乱，但它们却勾勒出一个个美丽清晰的星座，映照着一些“偶然”中的“必然”。这一个个星座，是那些已经走在坚实大道的人，是那些优秀的人。从他们身上，我们能够得到一些启示，总结一些规律。听一听他们的职场心语，可以为我们职场的路点燃一盏闪亮的灯。

鲁贵卿先生从农村参军入伍，到进入建筑行业基层岗位，靠自己的拼搏奋斗，靠勤奋认真的工作态度，靠坚持不懈的学习，不断提升自己，成为大型建筑地产投资集团中国建筑五局的掌舵人，并带领着这艘巨轮在市场的汪洋中乘风破浪，在十余年的时间里，取得巨大的成就。鲁贵卿先生在多年的职场奋斗中，总结出许多具有规律性、指导性、哲理性的观点。这是一笔宝贵的思想财富。

在这本书里，作者娓娓阐述了职场中的许多智慧。翻开这本书，我读出了一种熟悉的感觉。它从另外一个角度，思考了我曾经思考过的问题，还有我没有思考过的一些问题。

书中讲到一个人应当站在五十年的长度看职场。这种认识，是当下的青年人所缺乏的。当下社会，青年人不缺乏奋斗的激情和努力，缺乏的是那种逐步沉淀积累的耐心。社会发展太快，所以大家都在跑，都在追赶，似乎慢走一步便已经落后了。于是，不少人稍有不如意便选择放弃，重新开始。在不断的变动中，他们实际上已经丢失了职场长远发展所需的积淀。这一点，书中用独特的睿智进行了阐释，对年轻人的职业发展有着很大的启示和指导意义。

书中作者谈到了职场中常见的许多矛盾和问题，比如一个人如何不断成长，如何在职场中生存，如何做好自己，如何处理中国式的职场关系等。这些问题看似普通，却对一个人的职业发展有着重要影响。作者用优美的文笔，“四两拨千斤”的睿智，进行了深入浅出的阐释。书中的观点，我很赞成，读来颇有共鸣。

书中谈到，学习是一生的事情。这个学习，不是课堂上听老师的讲解，而是职场中的学习。职场中的学习，是向工作学习，向优秀的人学习，向智慧和经验学习。这些优秀的人，有着相同的对生活的热情，对工作的执着，对成功的不懈追求，对他人的尊重和关注，对学习的坚持，真诚坦率的个性……就如书中所阐释的那样，他们有着成功的心智模式，有着勤勉的工作态度，有着独特的素质能力。这些，都值得我们学习。

如果说职场是人生的考场，那么我们的答卷，就是不断更加优秀的自己。当我们不够优秀的时候，我们唯一能做的，就是从那些优秀的人身上学习那些值得我们学习的东西。通过学习，我们每一天都变得更加优秀一点，在学习中不断成长，直至成为自己想要成为的那个人。

读一读《职场心语：多数人能走的路》这本书，升级心智模式，做一个智慧的人；升级工作态度，做一个勤勉的人；升级素质能力，做一个有用的人。或许你会发现，你也在慢慢成为一个优秀的人。

俞敏洪

2016年3月

目 录

第二章 人生结果是一个方程式

第三章 职场从做人开始

第四章 职场的生存“法则”

第八章 别踢开成长的“垫脚石”

第九章 建设职业人生的高楼大厦

第十章 七成定律

第一章　职场人生五十年

和年轻的朋友聊天，无论他们是身在收入颇高的金融业，还是在声名显赫的媒体，无论是在众人仰望的国家公务员系统，还是处于引领时代潮流的互联网企业，我听到的，对自己的职业抱怨的多，满意的少。每一个人，总是有各式各样的不如意。职场中，有不少人对职业的发展充满困惑与焦虑。他们面对未来，找不到方向，找不到目标，一旦遇到困难和挫折，就产生退意。于是，有的人消极应付，有的人频繁换工作，究竟该怎么办，自己也不清楚。职业发展的路，到底在何方？

职场的路常有雾霾

毕业那一天，你意气风发地走出高等学府的校门，发现天空是那么蓝，花儿是那么香，连鸟儿的叫声都是那么清脆——青春如饱满的风帆，正鼓满力量，准备驶向远方。此时，你离开了那个美丽、单纯、充满书香的校园，扔掉了厚厚的书本，心里欢呼着：我终于要开始工作了，终于可以挣到属于自己的薪水，终于可以成为这个社会的主人了！在你的心里，甚至还会产生一种“世界就在脚下”的豪迈。

可是，生活真的如你想象的那么美好吗？当你走进职场，遇到比如写公函不能错一个字这样琐碎的现实时，可能才知道，在校园里学到的那些理论知识，似乎瞬间变得一文不值。

工作，是一件件纷杂的事务，等待着你去处理；工作，是一个个充满不确定因素的方程式，等待着你给出一个令人满意的答案；工作，是一座座布满荆棘的高山，等待着你攀爬到那个陡峭艰险的峰顶。

没有激情，没有浪漫，每天在工作中等待你的，只有一条条不能逾越的规章制度，只有模模糊糊看不清的人情世故。当你踏进职场，才会发现，无边无际的烦恼才刚刚开始。

进入大型单位，你会觉得人际关系复杂；在小单位，你的发展机会又太少。在小城市里工作的，厌倦了朝九晚五的枯燥乏味，向往繁华的大都市；在大都市里的，不堪背负沉重的生活压力，甚至想到了逃离……

在不少人眼里，职场如同围城，外面的人想进来，里面的人想出去。

职场的路看似宽阔，有着无数选择，却时常飘来浓厚的雾霾。我们不得不戴上口罩，紧紧地包裹自己，小心翼翼地前行。脆弱的心灵不小心便沾满了灰尘，变得疲惫。

初入职场的三五年里，许多人都会产生各种各样的困惑。于是，有的人心浮气躁，沉不下去工作；有的人频繁跳槽，始终安定不下来；也有更多的人屈服于现实，得过且过，做一天和尚撞一天钟。大好的青春时光，就这样一天天地消磨在困惑与焦虑中。

人生之路，该走向何方？我们该如何找到美好的未来？

工作不如意，去还是留？

小李在大学里学的是土木工程专业，理想是成为一名建筑企业的管理者。毕业后，他进入某个建筑企业。根据安排，小李被分配到一个大型隧道项目的施工现场工作。隧道建设每天都是和水泥、石块打交道。一名大学毕业生在这里怎么能体现出自己的价值呢？而且，施工现场的工作，离成为一名企业管理者的理想那么遥远。于是，小李动摇了。

领导和小李谈话后，了解到他的想法，便安排他从事文字资料搜集整理工作。在堆积如山的资料中，面对那些琐碎的文字和符号，小李觉得，大学里学的那些理论，根本没有用武之地。他依然不知道什么时候才能实现成为一名企业管理者的理想。

迷茫中，小李想到了辞职换工作，想去一个新的地方追求自己的理想。那小李到底该不该这样做呢？

现实中，小李的情况并不是单纯的个例。青年员工都很容易遇到小李这样的情况。在初入职场的三到五年里，青春似乎很漫长，未来似乎很遥远，能够为之奋斗一生的职业方向在前方若隐若现，可是脚下的路似乎并没有笔直地通往那个地方。一旦遇到挫折，或者工作中出现不如意，一些青年人就会心浮气躁，甚至产生辞职的想法，结果就是扎不下根，工作岗位来回变动。

辞职跳槽，常常是弊大于利。

我们每跳一次槽，以前的努力都几乎归于零，每次都要从零起步，而别人却在一个岗位上扎根发展，不断成长。长此以往，我们和别人的差距只会越来越大。多年下来，我们就落后了。

在职业发展的最初阶段，一个职场新人选几个单位、跳两次槽还是正常的，是可以理解的。但是，对于一个职场新人来讲，选择周期不能太长，不能来回变。即使要做职业选择，也要尽早确定，否则就是浪费时间。

人生最宝贵的财富就是时间。每做一次职业选择，时间成本就增加一分。时间就像杯子里的酒，喝一口就少一口，消耗一点就少一点。月有阴晴圆缺，世上本来就没有十全十美的事。如果一遇到不如意就换到一个新的环境，要重新得到周围同事的认可，又需要一定的时间。

很多人并没有意识到，人生是一个不断积累的过程。

有句话说，万丈高楼平地起。实际上万丈高楼不是从平地起的，而是从地下起，平地之下其实埋得很深。一棵大树也是这样的：只有扎根沃土，培养庞大的根系，才能吸收更多的养分，抵抗暴风骤雨。树根越深，枝叶才能更加繁茂。

没有一棵大树是今天一个地方明天一个地方长成的。参天大树都是千百年来历经风霜，屹立不动。因为每动一次，前面的时间成本就消耗掉，都归零了。是金子总会发光的，可要发出光来，是需要时间积累的。积累到一定程度，周围的人才能认可你。

小李有知识、有理想，但理想是需要一步一步实现的。

要想成为一名管理者，需要经过基层工作的锤炼，需要知识经验的累积，需要拿出成绩，才能得到别人的认可。在建筑企业工作，一定要到项目上呆一呆，起码要明白工程是怎么一砖一瓦垒起来的。一上来就想做领导，即使当了领导，下面的事情解决不了，也不会得到大家的尊重，领导也当不长。

在一个地方坚持努力，每一天都是正能量的累加。一个青年员工，进行职业选择的时候，不能太理想化，不能眼高手低，不能高不成低不就。要如一棵大树，把根扎下去，往下扎，越深越好。

看职场不能只看眼前。职场，不是一天两天的职场，不是一年两年的职场，而是一个人一生的职场。它有着近五十年的漫长时光。我们要站在五十年的角度，去看待自己的职场发展。

要想找到职场发展的道路，就要对职场有全局的认识，长远的认识。如同登山，当我们站在山顶，俯瞰盘旋的山路，“一览众山小”的时候，那些山路上的坎坷不平，那些杂乱的灌木，根本不会放在心上。

站在五十年的长度看职场

“我是中华人民共和国公民，在十八岁成人之际，面对国旗庄严宣誓：从此刻起，我已懂得承担责任……”在一些大学校园里，这样的成人礼每年都会隆重举行。

十八岁，意味着我们已经步入成年人的行列，已经能够懂得遵纪守法，懂得理性地处理矛盾和问题，已经具有明辨是非的能力，懂得为自己、为家人、为社会承担起一份责任。

从古至今，行成人之礼，都是人生一个重要的节点。在中国古代，青年男子到了二十岁，女子到了十五岁，家族便会举行隆重的仪式。在国外，年轻人十八岁以后，便要脱离父母的支持照顾，学会独立生存。

从成人那一刻起，一个人便要开始独自行走人生之路。

我们的人生看似漫长，可在亘古不变的时光里，却短暂如朝露。从少年到青年，从青年到壮年，真正属于我们的时光，不过短短的几十个春夏秋冬。当我们正如日升当空、光华灿烂的时候，也就意味着开始逐渐衰老，走向生命的尾声。

孔夫子说：“三十而立，四十而不惑，五十而知天命，六十而耳顺，七十从心所欲，不逾矩。”这是人生大致的发展规律。从十八岁成人，到大学毕业进入职场工作，再到六十岁退休，一个人真正在职场中的时间，最长也不过四十余年。退休以后还有十年，我们可以做些力所能及的事情。如果把这十年也算上，我们可以工作的时间也就只有五十年。

一个人的职场人生，要站在五十年的长度来看。

初入职场之时，我们就要站在五十年的长度，俯瞰职场人生。五十年是一个怎样的过程呢？我们把这五十年职场人生分为五个时段，每十年为一个阶段，如果用一个字来代表每一个十年，它们分别可以叫作“知”、“立”、“长”、“成”、“享”。

第一个十年是“知”。知，就是知识，初入职场的第一个十年是打基础，增长知识的十年。

第二个十年叫“立”。立，就是立足，有力量、有理由使我们在职场立足。这个阶段，如果我们能做到一个企业部门的业务主管，就是优秀分子。

第三个十年叫“长”。这个阶段，我们的事业有所成长，在“立”的基础上有所进步，能够做到高级管理者，那就可以算作一种成功。

第四个十年叫“成”。此时，人生达到“顶峰”，能力、水平、业绩、贡献以及财富、名利都达到人生的“峰值”，是人生最有成就的十年。

第五个十年是“享”。这是可以享受的十年，它包括独享和分享两个层面。这十年，可以安心品味职业人生的成果，可以和他人分享人生积累的精神财富或者物质财富，享受我们曾经的付出、拼搏和贡献所带来的快乐。

人生，每一个阶段都有每一个阶段应该做的事情。从长远来看，那是因为每一个阶段都有所积累，每一个阶段的积累都为下一个阶段的发

展而准备。

一棵大树，从树苗成长起来，是需要时间的。没有一颗大树是树苗种下去就马上变成大树，一定是由岁月刻画着年轮，一圈一圈往外长。所以，从一棵树苗到大树，一定要给它成长的时间。职场中的年轻人，也要给自己时间，不要太着急。

中建五局每年培训青年员工，都会发一张表，叫职业生涯设计表。员工想干什么、愿意干什么、目标是什么，都由自己来设计。有一个小伙子说，他准备用15年时间到达中建五局董事长的位置。这是他的梦想。而我自己，是用了26年才到这个位置的。他比我聪明、能干，时间可能会短一点，但无论是如何，这不是一天就能到的。要给自己时间，要克服急躁、盲目的情绪。

现实生活中，一些青年人刚刚参加工作就想着升职加薪，一年想，二年急，三年不提发脾气，工作沉不下来、深不下去。这样，就会造成人生底蕴不足，即使有机会走上领导岗位，也很难有大的作为。

有一个很形象的比喻：企业家或领导的座位上是抹了油的，即使一个人运气好，扶他上去了，他也呆不住。为什么？积累和沉淀不够！如果重量不够，镇不住它，坐上了也会滑下来。

我们一定要放到五十年的长度，来思考自己的人生，这是长远的设计。我们提倡归零：大学上到研究生开始归零，重新开始计算。工作3～5年是小学生，5～10年是中学生，10～20年才是大学生，20～30

年才是研究生，退休了就是博士后。冯仑说："伟大是熬出来的。"一点一点地去熬，用五十年时间去熬，我们才能熬成有点儿"伟大"的人。

知的十年：为腾飞做准备

进入职场的第一个十年，关键是一个"知"字。

知，就是知识。职场的第一个十年，是打基础、补充知识的十年。初入职场的这十年，无论怎么费尽心力去升职、加薪，能得到的都是有限的，因为此时，我们是站在一个职业通道的初始阶段上。

职业通道如同阶梯，一个台阶连着一个台阶，只有少数人在天时、地利、人和各种条件都充足的条件下，才能够实现跨越式发展。现实中，大多数人都要沿着台阶逐步前行。从某种程度上说，这是由个人的成长规律和职场的发展规律决定的。

初入职场的青年人，一般年龄大约在20~30岁，这个年龄阶段是学习的时间，试错的时间，是在实践中不断练习、不断积累知识的阶段。能在这个阶段做出很大事情的人很少。

初入职场的青年人，有知识，有热情，思想观念新颖，思维快捷灵敏，接受新事物快，开拓精神强。这些都是优势。但是，职场新人往往会心气浮躁，耐不住寂寞。有时候是眼高手低，有时候是对一些复杂问题的分析、判断能力不够，甚至自己就把自己吓唬住了——实际上是“世上本无事，庸人自扰之”，或者“为赋新诗强说愁”。

初入职场的第一个十年，是潜心实践积累的十年。

俗话说：“实践出真知”；“一切本领来自于实践”；“要想知道梨子的滋味，必须亲口去尝尝”。这些话都是讲实践对于增长知识、才干的重要性。人，只有在实践中才能成长，只有在体验中才能成长。

《钢铁大王卡耐基自传》（机械工业出版社，2004年版）这本书讲述了世界著名的钢铁大王卡耐基的奋斗历程。他少年时因家庭贫困，13岁就进入纺织厂当童工，后来又谋得一份送电报的信差工作，一送就是三年。少年的卡耐基，在这两份辛苦劳累却薪水微薄的工作中，积攒着自己人生的机遇。

当童工时，卡耐基白天工作，晚上报了一个夜校，学习会计的复式记账法，这为他以后走上商业之路打下了财务知识的基础。进入电报公司工作后，他每天提前一个小时到公司，打扫完房间，偷偷学习打电报，后来当上了公司里首屈一指的电报员。送电报时，卡耐基每日奔波于各个公司之间，有心地记住了匹兹堡市各个公司的名称和特点，知道了各个公司之间的业务关系。这为他积累了丰富的商业知识，卡耐基称之为“爬上人生阶梯的第一步”。

就如卡耐基一样，我们初入职场的第一个十年，当机遇还未到来，就要心无旁骛，在工作中补充自己的知识，在实践中丰富自己的知识，不断地解决所遇到的矛盾和问题，打好职业发展的基础，为以后实现职场飞跃，进入较高层次的职业发展通道积蓄能量。

经过多年不懈的积累，18岁那年，在电报公司表现优异的卡耐基，被宾夕法尼亚州铁路公司西部管区主任斯考特看中，并被聘为私人电报员兼秘书，进入了宾夕法尼亚州铁路公司工作。由此，卡耐基进入了一个更广阔的世界。

在宾夕法尼亚州铁路公司，卡耐基平步青云，不仅为以后创建商业帝国积累了管理经验，还通过投资股票，赚取了平生的第一桶金。1892年，四十余岁的卡耐基创办了少年时就梦想的商业王国——卡耐基钢铁公司，攀上了事业的顶峰，成了与洛克菲勒、摩根并立的美国三大经济巨头。

只要有心，知识无处不在。在职场中，每一份工作都有可能为以后的发展埋下伏笔。每一件事情的背后，都可能隐藏着意想不到的机遇。

“知”的这十年，对于以后的发展极其重要。这十年，是扎根的十年，是耐心等待腾飞的十年。其实，人生的成长规律都差不多。如同丑小鸭，在没有变成白天鹅之前，就要默默地成长，默默地积攒力量，直到长出能够飞翔的翅膀。

有句话讲：“没有金刚钻，不揽瓷器活。”有的人不能正确认识自己，刚进入职场，认为自己读了几年书，就可以成就大业了，不愿意从小事做起，从基础性工作做起。这样大事做不来，小事又不做，最后虚度光阴，没有成长，更没有进步。

还有的人，进入职场就急着当领导。领导权威的形成靠什么？靠正确决策。怎么才能正确决策？这就需要有丰富的知识和经验的积累，“知”的基础打好了，那些应该属于我们的东西，自然而然地就会来到我们的身边。

立的十年：迎接考验，承担更大责任

第二个十年，用一个字概括，叫作“立”。

这个“立”，是立足的“立”。第一个十年，能做到一个企业部门的业务主管，就是优秀分子。第二个十年，如果足够优秀，就能够成为一个部门经理，成为一个中层管理者。

经过第一个十年的积累，一个人已经拥有了丰富的专业知识，对于工作中的问题，处理起来可以得心应手了。可是，身在职场，责任和权力总是相互依存的。成为中层，虽然拥有了一定的决策权，但却要面对更复杂的局面，承担更大责任。

中层没那么好做，要想真正“立”起来，还需要具备更强大的“力量”。

作为企业中层，我们需要接过高层领导手里的指挥棒，将组织的决策坚定地执行下去。不管是多么优良的决策，如果没有中层去坚定地推进，也不可能实现战略决策的目标。而这将对中层人员的忠诚、智慧、耐心、毅力、积极性和创造性，有着更高的要求。

身为中层管理者，要有对战略目标坚守的定力，要有对运营流程掌控的能力，还要有对绩效追求过程中迸发的创造力。这些能力合到一起，可以称为中层管理者的“执行力”。然而，执行力并不是简单地执行上级管理者的决策就可以了，我们还要在执行的过程中，创造性地找到正确的执行方法。

如上古神话中的那场洪水治理，鲧和大禹都接受命令，下决心治理好洪水，让民众回到自己的家园。鲧为了治水，偷来了天帝的息壤，堵住了洪水。但是天帝发现后，不仅拿走了息壤，还杀死了鲧。纵然鲧有执行力，但他治水的方法，一方面不能保证息壤能被永久安全地使用，另一方面也会给民众和自己带来生命危险。作为一个中层管理者，鲧的执行是失败的。决策的失误，最终让鲧付出了生命的代价，洪水再次泛滥大地。

和鲧相比，大禹不但具备了鲧的决心、毅力和主动性，而且他用智慧和勤奋创造性地找到了治水的正确方法。通过对洪水的整体了解，大禹找到了根治洪水的途径，然后身体力行，带领众人，齐心协力，整理九州的土地，疏通河域，理通水脉，把洪水引入大海，永绝后患。

“执行力”不仅是完成组织的发展目标，还要找到正确的策略。这更需要中层管理者的智慧。否则，不仅会导致企业的发展目标、发展战略难以完成，甚至会南辕北辙，给组织带来巨大的损失。

一名中层管理者，除了具有正确的执行力，还需要有团结下属、鼓舞人心、激发斗志、率领大家共同为完成组织目标而奋进的领导能力。

中建五局有个叫阳国祥的分公司经理，他将一个拖欠职工工资长达两年之久的分公司，发展成为连续三年上缴利润高达两个亿的“明星公司”。他领导的分公司占据“明星区域公司”榜首，连续“第一”的时间长达七年。他管理的分公司七年来，没有出现过一个亏损项目，而且项目的平均利润率超过行业平均水平近十个百分点。

如果说阳国祥有什么秘诀，这得归功于他成功的执行力和领导力。

阳国祥领导的项目团队，大家团结一致，心齐志坚，完成一个又一个艰难的建设任务。大连供水项目，体量大，合同额十个多亿，是当年中建系十大基础设施项目之一，合同工期仅七个月，全程七十五公里，地质复杂。为了优质、高效地履约，阳国祥在零下二十多度的冰雪大连，带领项目团队凿开几十公分厚的冰层，加快作业进度，创造了四个月产值九亿多元的奇迹。

一个中层领导，只有得到大家的信任和尊重，得到更多人的支持和帮助，才能团结大家，一往无前地完成组织的战略目标，也才能真正地立足中层，成为一个优秀的中层领导者。

那么，要想成为一个得到大家信任的中层领导者，需要具备哪些素质呢?

能够得到大家信任的中层管理者，应是一个忠诚的人。他会忠诚于自己的岗位和事业，尽心尽力地去完成企业发展目标。这样他才能带领整个团队，去不断创造新的价值，实现新的发展目标。

能够得到大家信任的中层管理者，应是一个有信用、讲信义的人。他要做到对自己的下属一诺千金，让大家能够放心地投身于工作，心甘情愿地跟随他。

能够得到大家信任的中层管理者，应是一个格局高远的人。他应胸怀组织发展大局，对团队成员宽容大度，不为眼前的利益得失所左右，心中永怀一份使命感，这样才能走到成功的终点。

能够得到大家信任的中层管理者，应是一个执着、沉稳的人。不管前方是沟壑荆棘，还是崎岖坎坷，他都能够处变不惊，始终走在组织的前面，带领大家排除艰难险阻，最终到达目的地。

做一个中层管理者，远没有做一个普通员工那么惬意自在。

组织战略目标的推进，不可能是一帆风顺的，总有沟壑、荆棘横亘在脚下，牵绊着前进的脚步。身为执行者，要有“咬定青山不放松”的坚韧，要有披荆斩棘、开山辟路、攻城拔寨的主观能动性，更要有带领部门成员，不断修正结果、寻找正确路径以达到目标的智慧。

如果不具备这些能力，即使进入中层，也难以适应复杂的工作要求。要么业绩平平，上级领导不满意；要么管理无方，下属怨声载道。

而自己则如坐针毡，心力交瘁。市场是无情的，不是想做什么就能够把什么做好。要想做好事情，自己得先具备相应的能力。

做好中层，就要在第一个十年打好“知”的基础，在第二个十年，培养起自己相应的组织协调能力。当我们拥有勇往直前的勇气，拥有战胜困难的坚韧和执着，拥有带领组织不断前进的智慧，那么，我们在职场的第二个十年，就实现了“立”，真正能够在职场上“立”起来，成为一个有执行力的人。

长的十年：业绩的增长，要靠能力的增长

第三个十年是“长”的十年。

长，是成长，增长。成长的是能力、业绩、贡献，增长的是财富和生活质量。在职场的第三个十年，如果经过第一个十年的磨砺，第二个十年的锤炼，能做到高层管理者，那么我们就进入了最有成就的十年。

经过前二十年的积累，在这第三个十年里，我们将如鲲鹏展翅，翱翔万里，迎来职场中最为黄金的十年。在这个时期，身为高级管理层的一员，业绩和贡献将呈现飞跃式成长。与此同时，我们的物质财富收入将大量增加，生活质量也将得到大幅提升。

从一个中层管理者晋升为一名高层管理者的成员，所需的能力素养

也将发生质的变化。在大家眼里，高管层的位置风光无限：掌握组织大权，左右着组织的发展方向，拿着让人羡慕的薪酬。这是多少人的梦想呀！可是，我们往往很少想到，要凭什么才能够坐到这个位置上。

职场的人很多，可高管的位置很少。只有拥有了一位高管层人员所必须具备的素养，我们才能登上这个位置，坐稳这个位置。

身为一名高管，首先要对组织的发展负责任。组织的发展目标，不是简简单单地做上几个规划，写上几个报告就可以了。组织发展所需的决策，没有教科书和现成经验可用，全靠高管们的智慧和经验。

一个组织，不管多么强大，当把它放到整个社会中，就变得如汪洋大海中的一叶扁舟。狂风、巨浪、四处游弋出没的鲨鱼，时刻都威胁着这艘小船的生存。小船随时都有可能被巨浪打翻，葬身于汪洋大海。

在某种程度上，一名优秀的高管能够直接左右一个组织的命运。

如今在全球家电行业人人皆知的海尔集团，它的前身却是一个资不抵债、濒临破产的小冰箱厂。它之所以能够发展到今天，不能不说和现任董事局主席、首席执行官张瑞敏有着直接的关系。

张瑞敏出任厂长的时候，海尔集团还是一个濒临倒闭的集体小厂，是一个没有人愿意呆下去的老旧企业，一个随时都可能破产解散的烂摊子。当时，厂里人员作风散漫，车间里臭气熏天，工人甚至把门窗拆下来烤火。

作为一名高层管理者，张瑞敏的首要任务，就是维护组织的生存和发展，不管多么艰难，都要为这个破旧的小厂找到发展的路径。身为领头人的张瑞敏，经过对市场的认真研究，发现市场上虽然电冰箱厂家很多，却没有真正意义上的名牌冰箱。于是他把“创名牌，争第一”作为企业发展目标。

为了树立“质量第一”的形象，张瑞敏把从厂里查出的76台有质量问题的电冰箱，让相关责任人用大铁锤当众砸毁。当时，厂里连开工资都有困难，很多人看到这么多冰箱被砸毁，都流下了眼泪。但是张瑞敏的这一举动在当时的社会上引起了很大的震动。更重要的是，这一举措把海尔“重质量、讲信誉”的品牌理念传播了出去，让消费者知道这里的产品值得信赖。

此后，张瑞敏又引入国外先进的生产技术和设备，生产出高技术、高质量的海尔冰箱。海尔的产品逐渐成为名副其实的名牌产品。这个濒临倒闭的冰箱厂由此起死回生，逐渐发展成为一个特大型企业集团。目前，海尔集团的产品已经涉及电冰箱、洗衣机、空调、微波炉等二十七个门类，七千余个规格品种，业务遍及全球。

就如张瑞敏一样，高管应该是坚毅的舵手，双眼留意着四周环境的变化，不断及时调整组织的发展目标。高管更应该是一名反应灵敏的猎人，不断寻找能让组织生存下来的猎物，同时还要警惕环境中的危机，一旦发生危险，立即采取措施，将危害和损失降到最低。

在时代的飞速发展变化中，海尔在张瑞敏的领导下，不断调整航向，一直走在时代潮流的前面。从上个世纪八十年代至今，经过改革开放的大浪，有无数名牌企业都湮没在历史的烟尘中，春都火腿肠，汾煌可乐，燕舞录音机，爱多VCD……这些当年大家耳熟能详的品牌，都早已经没有了踪迹，而海尔却越做越大。

在无情的市场中，一个组织要想长久地生存下去，离不开一名有智慧、有韧性、有勇气的领头人。他带领着组织成员，跟随时代的变化，判断新的形势，做出正确的决策，然后调整经营策略，带领组织不断赢得市场竞争的胜利。

高管应该是受到大家尊重和爱戴、公正无私的指挥官，维护组织内部的公平公正，团结内部成员，为实现组织目标而共同努力；高管还应该是一个敬业的教师，不断检查组织各部门的工作绩效，如果出现不够满意的情况，还要用各种奖惩的手段，激励整个团队不断进取。

一名合格的高管，必须有承担压力和挑战的勇气，有应对危机和发展的智慧，还要有面对挫折百折不挠的韧性。只有具备了这些能力和素养，他才能稳稳地坐在高管的位置上，在职场的海洋中破浪前行。

成的十年：把事业化为使命

第四个十年，是“成”的十年。

成，是成功，是成就。这个阶段，我们的职场人生达到“顶峰”，能力、水平、业绩、贡献以及财富、名利都达到“峰值”。这是最有成就的十年。

成，是人生的“成”，也是组织的“成”。

没有组织的成就，也就没有个人的成就。身为管理者，带领组织乘风破浪，披荆斩棘，完成组织的发展目标，在成就组织发展的同时，也成就了自己的人生价值。然而，在现实职场中，能够在这个阶段获得巨大成就的人，却只有少数。

能走到这一步的人，是那些把职业化为使命，用生命爱着事业的人。只有这样的人，才会在前四个十年中，经受各种磨炼和考验，积累丰富的职场智慧，带领组织排除万难，坚韧不屈，勇往直前，取得巨大的成就。

乔布斯在演讲中说：“我很清楚唯一使我一直走下去的，就是我做的事情令我无比钟爱。你需要去找到你所爱的东西。对于工作是如此，对于你的爱人也是如此。你的工作将会占据生活中很大的一部分。你只有相信自己所做的是伟大的工作，你才能怡然自得。”

正因为对工作的这份热爱，乔布斯才会把在父母车库里创建的苹果公司，发展成为市值领先全球的庞大公司。知名投资机构摩根士丹利曾预测：苹果公司的资本总市值将会在2020 年达到3.4 万亿美元。

乔布斯21岁时，创业成立苹果电脑公司，30岁因内部斗争离开苹果公司，12年后重返苹果公司并担任CEO。他52岁时，也就是患上癌症后的第四年，领导苹果公司设计并推出iPhone手机，55岁时设计并推出iPad平板电脑。

乔布斯用近乎偏执的态度，带领团队设计出无限接近完美的产品。而这个产品一诞生，便受到全球无数消费者的追捧和迷恋。他对事业的热爱，源自于内心的那份使命感。他把人生的使命融入了自己的事业。

乔布斯在演讲中还说道："活着就是为了改变世界。难道还有其他原因吗?你是否知道在你的生命中，有什么使命是一定要达成的?你知不知道在你喝一杯咖啡或者做些无意义事情的时候，这些使命又蒙上了一层灰尘?你生来就随身带着一件东西，这件东西指示着你的渴望、兴趣、热情以及好奇心。这就是使命。"

使命感，是人生前进的巨大动力。

当我们把事业当成人生的使命，才会有源源不断的动力，去战胜职场中遇到的各种挫折和困难，去寻找更完美的解决问题的办法，去完成组织更远大的目标。

把事业当成使命的人，一定是无比喜爱自己事业的人。职场，最难得的是从事自己喜爱的工作。只有从事自己喜爱的工作，才能长久地热爱它。我们所喜爱的事业，往往也是自己最擅长的事业。仅仅为挣一份薪水而从事的事情叫工作，只有那些自己热爱的工作，才能称之为事业。

我们的事业，在初入职场的时候，就应该做好选择。

比尔·盖茨最擅长的是编程，最热爱的也是编程。为了早日从事自己热爱的事业，他从哈佛大学退学，创办微软公司，从此在软件领域不断创造奇迹。微软推出的Windows操作系统，不断升级，一代一代更新改进，风靡全球，改变了全世界无数人的工作习惯。

新闻业巨头普利策在当兵时，站也站不直，走也走不好，是一个经常遭到训斥，不断闯祸的不合格的士兵。可当普利策成为一名新闻记者时，却能把新闻采访写得深入精彩，文章被大家争相传阅。他靠自己的一支笔，把一份快要倒闭的报纸办成美国报纸的泰斗，最终成为全世界新闻业最有影响力的人之一。

事实上，每个人自身都有一些先天的潜能。如果不用己所长，反而用己所短，我们就很难获得成功。充分了解自己，分析自己特长是什么，弱点在什么地方，然后，去选择自己最擅长的事情。

只有那些找到自己的使命和所热爱的事业，并全力以赴为之努力的人，才会走到职场的顶峰，实现自己的目标，取得巨大的成就，享有巨大的声誉和财富。

享的十年：回首无憾，安然宁静

第五个十年，是“享”的阶段。

享，是享受，是分享。是安心地享受人生“成果”，是乐于分享人生的“成果”。人生“成果”，可以是充裕的物质，也可以是智慧的积淀，但一定是内心的安定从容。

站在职场第五个十年，回望过去，我们会发现，每一份经历都是最宝贵的财富，不管是苦难、挫折，还是成功、快乐，都在磨炼着我们的智慧和人格。经过这些历练，我们的修养也大大提高，才能安然享受生活的宁静和幸福。

有一则寓言讲，一队商人骑着骆驼在沙漠里行走，这时，空中传来一个神秘的声音：“抓一把沙砾放在口袋里吧！它会成为金子。”有的人听见了，不屑一顾。有的人将信将疑，抓了一把放在口袋里。有的人全信，装了一把又一把沙砾。商人们继续上路。那些没带沙砾的，走得很轻松；而那些带了最多沙砾的人，走得很慢，也很沉重。一天又一天过去了，商人们走出了沙漠。大家打开了口袋，抓了沙砾的人欣喜地发现，那些粗糙沉重的沙砾，真的都变成了黄灿灿的金子。

如果把沙漠比作职场，我们每一个人都是穿越沙漠的商人，那些粗糙、沉重的沙砾，就是我们在职场中遇到的那些磨难，是我们身上承担的责任，是属于我们的机遇。

这些沙砾，是第一个十年默默地潜心积累，不断为自己增加知识的厚度和宽度；是第二个十年不断锤炼自己，增加战胜困难的坚韧和执着；是第三个十年承担压力和挑战的勇气，应对危机的智慧，面对挫折百折不挠的韧性；是第四个十年为了人生使命，不断地开拓进取的激情和努力。

这些沙砾，曾经让我们痛苦，让我们疲惫，让我们想要放弃。可是经过生命的跋涉，当我们走出沙漠，这些曾经磨砺我们的砂砾，就会变成闪闪发光的金子，让我们的生命散发出灿烂的光辉。

有了前四个十年的奋斗，历经岁月的风云变幻，在职场的第五个十年，回首人生，心中再也无憾。心因无憾而宁静，充溢着安然幸福，在卸下重担的时候可安享生命。

人的一生，就如一条溪流，从遥远的山涧流出。清澈的溪水缓缓流淌。当汇入宽阔的江河，生命的河水开始变得辽远宽阔，暗涡潜流，泥沙激荡。经过长途的跋涉，生命的河水融入无边无际的大海，在深沉的海洋里，泥沙沉入海底，湛蓝的海水与天相接，世界变得安宁祥和。

苏轼的那首《定风波》，似乎很契合这个阶段的心境：

莫听穿林打叶声，何妨吟啸且徐行。竹杖芒鞋轻胜马，谁怕？一蓑烟雨任平生。

料峭春风吹酒醒，微冷，山头斜照却相迎。回首向来萧瑟处，归去，也无风雨也无晴。

在写这首词的时候，苏轼历经职场的起伏和生活的磨难，对人生、社会和世界有了通透的认识。在他眼里，人生的晴朗或者风雨，已经没有什么分别。他对生命中的一切都能泰然处之，能够宠辱不惊。哪怕在狂风骤雨中，也要缓缓地行走；即使穿着简陋的草鞋，也轻快得胜过快马。走过风雨，再回首去看，哪有什么风雨？哪有什么晴朗？一切都是风淡云轻。

职场人生的第五个十年，心境就如苏轼词中所言。那种看透职场风云，从容坦荡的超脱，那种成败得失已经全然不放在心上的淡泊，那种精神的解放，心灵的澄澈，才是人生真正的风景。

有了享受，还有不少人选择分享。

很多企业家、学者，经过一生的拼搏、奋斗，在晚年的时候，选择从事慈善事业、教育事业，传播自己的智慧和经验，和大众一起分享自己人生的“成果”，并以之为乐。

经过前四个十年的沉淀和发展，有的人拥有了看透世间风云变化的智慧，有的人在某些领域有了极高的建树，还有的人积累了巨大的物质财富。即使是普通人在这个阶段，也对人生、社会有了深刻的认识，在职业生涯中积累了丰富的经验。在职业人生的第五个十年，在生命渐趋平静的岁月里，将自己终生的积累和沉淀分享出去，或许是人生最大的乐趣。

本章后记

职场，没那么复杂，也没那么艰难。职场的发展，是一个循序渐进的过程。实际上，这五个十年，每一个十年都在为下一个十年打基础，做准备。只有当前一个十年做好了，我们才能顺利步入下一个职业阶段，也才能胜任下一个职业阶段的工作。每一个职业阶段，对一个人的能力和素质都有不同的要求。我们在每一个阶段遇到的那些烦恼，都在磨炼着我们的性格，锤炼着我们的能力，增长我们的见识，开阔我们的视野。每跨越一些困难和障碍，我们也就成长了一步。

职业生涯规划，不是今年这样，明年那样，要放到五十年的历程中去考虑、去沉淀。这样，我们才会对自己的人生有一个清晰的认识。当然，如果我们能够按照这五个十年的轨迹，一步一步地向前发展，每一个十年都实现相应的目标，我们也就会拥有一个比较成功的人生了。

第二章　人生结果是一个方程式

当年，你和其他同学一起走出校园，踏入职场，有着相同的起点。可是，若干年后，大家重新相聚，却早已不再是当年的模样。有的人可能会陷入困境，在生活里艰难挣扎；有的人可能还在当初的岗位，日复一日过着重复的生活；有的人可能晋升高管，叱咤风云，决定着他人和一个组织的命运；有的人可能创业成功，拥有了属于自己的一片天地。一千个人就有一千种人生结果。那么，是什么决定着人生的发展结果呢？

不要拿“关系”和“背景”做借口

有一些青年员工抱怨，自己这么努力，工作这么出色，可是，领导从来没有给过自己发展机会。有的人并不比自己优秀多少，却平步青云，步步高升，甚至成了自己的领导。为什么升职的人总是别人，而不是自己？

有的人说，那是因为别人有关系，有背景，而自己没有，所以永远也不可能升职。

职场是一座金字塔，位于塔基的，是基层岗位，需要的人数最多。一层层往上，岗位越来越重要，需要的人也越来越少，而岗位贡献的价值也越来越大。对于大多数人来说，都想到更高层次的岗位上，实现自己的理想抱负。

在岗位少、人数多的情况下，竞争不可避免。这时，有一部分人能够胜出，踏上更高层次的管理岗位，有一部分人有可能会终生从事着基层的工作。对于这一部分胜出的人，现在社会上有一个不太好的倾向，一提到哪个员工晋升，总会有人神秘地开始查找他背后的“靠山”，开始扒他的“背景”。

每一个升职的员工，如果真的要去扒他的话，总也能扒出些关系和背景，因为，每一个升职的人，都得到相应上级领导的支持。没有上级领导的支持，他很难走上更高一级的岗位。而这似乎给一些人提供了借口。他们可以堂而皇之地说，因为他有关系，所以他能升职。我没有关系，所以我升不了职。

事实上，这是一种很偏狭的观点和看法，也是在为自己的不努力找借口。

什么叫关系和背景？在一些人眼里，关系和背景就是某一个员工背后的那个拥有人、财、物支配权的更高级别的领导，他和这个员工有特殊关系，可以给予他特别的关照和支持。可是，我想说的是，你只看到了这个员工拥有的支持，却没有看到这个员工为什么会得到支持。

如果你不优秀，有什么样的“关系”和“背景”也没有用。如果你足够优秀，很多人都可以成为你的“关系”和“背景”。每一个上级领导，都没有三头六臂，面对繁杂的工作，他们需要的，是能够帮他们解决难题、实现发展目标的人。如果没有能力，无论你有多大的关系和背景，即使把你放到一定的岗位上，早晚有一天，这个位置还是要让给真正有才能的人。

让我以我自己为例。我调到中建五局的时候，是中建五局极为困难的时候。当时，时任中建集团总经理的孙文杰来到五局调研，发现办公楼、职工宿舍甚至水塔都陈旧残破，看了让人心酸，于是决定从人入手解决五局的经营发展问题。

可是，面对五局当时的困境，没有人愿意去拣这个烂摊子。

孙总在《人的因素第一》文中讲到当时的情况说："从先进企业到困难单位任职，一方面很难开展工作，很难搞出业绩，另一方面，对于个人而言，无论是精神上还是物质上，都会造成很大损失。当时，我做了一个不太恰当、但十分形象的比喻，即你要飞身跳到火坑中去，而且要在火坑中跳出一出十分精彩的大戏来。有好几位同事面对这样的任务，就不敢或不愿挑起这一重担。"

在五局的生死关头，孙总找到了我。

孙总在文中提到了当时的想法："经过调查研究，青林书记和我都把目光集中到鲁贵卿同志身上。贵卿同志当时是中建八局一公司经理，在他担任公司经理五年期间，不仅创新意识很强，而且工作作风扎实，所以一公司的业绩在八局一直名列前茅。贵卿同志在治理企业过程中嫉恶如仇，不惜承受精神上的折磨乃至肉体上的痛苦，也要和歪风邪气斗争到底。中建五局太需要这样的人才了！"

在孙总的大力支持下，我来到中建五局，挑起了这副千斤重担。

实际上，在这之前，我和孙总并不熟悉，甚至连认识都说不上。只是在很多年前，我在中建八局办公室当秘书，孙总在香港工作时，他带领管理团队到济南考察投资项目，我接待过他，见过他一面。恐怕孙总在调我来五局的时候，也早已不记得当时的那个小秘书了。

事实上，无论在哪个行业，无论你是什么出身，如果你真的有能力，你在工作中展示了你的优秀，做出了突出的成绩，你就会建立起自己的“关系”和“背景”，这些“关系”和“背景”是欣赏你才能的人，是能够放心把重要工作交给你的人，是想让你施展才华，帮助组织取得更大发展成就的人。

他们，即使和你素不相识，也会对你鼎力支持。

走进职场，不要被所谓的“关系”和“背景”吓倒，也不要拿“没有关系和背景”做借口，尽自己最大的能力，做到最优秀，自然会有人来支持我们、帮助我们。所谓“自助者天助”——连老天爷都会成为我们的“关系”和“背景”，我们还会担心自己没有发展的机会吗？

那么，如何做才是优秀？怎样才能得到诸多的支持和发展机遇呢？

经过多年对职场的观察，我发现，大多数成功人士身上都有一些因素，决定着他走向成功。即使没有大的成功，在一些小的领域内，他依然是最优秀的。我把这些因素称为“成功基因”。

在我看来，这些因素可以构成一个方程式，看看一个人身上的情况，便能够大致计算出一个人人生的走向。做一个成功的人，一个优秀的人，就是要抓住这些成功因素，培养出自己的“成功基因”。有了这些“成功基因”，我们就会不断得到更多人的支持，不断赢得发展的机遇。

培养“成功基因”

中建五局有位工作多年的同志，学土木工程专业的，大学本科毕业，参加工作20年了，却一直没有被提拔当上一个像样的项目经理，一直很苦恼。有一天他找到我，问能不能给他一次机会做项目经理。

我就问他：“你参加工作这些年来，从开工到竣工结算，全程干完的项目都有哪几个？”他很认真地回忆了一遍，说出了一个项目。我说：“你说的这个项目是个联营合作的小项目，除此之外，还有别的项目吗？”他说：“没有了。”

我说：“你一个学工民建的本科生，参加工作20年了，一直在基层从事项目管理工作，却没有从头到尾干完一个项目，是什么原因呢？”他低声不语，过了一阵子才说：“干项目过程中，一遇到困难，就想换个好干的项目。”我就问：“那些你认为困难重重的项目，你不干后，是不是别人都把它干完了？”他说：“都干完了，并且最后结果都不错。”

我与他一起分析原因。他的专业知识是没问题的，问题在于他的心智模式出了偏差。他不敢直面困难，每个项目一碰到困难就不愿干了，结果没有好好从头到尾干完一个项目。他只知道干项目的困难与辛苦，却从来没有体会过干成项目的成就感和愉悦感。所以，他工作了20年，却缺乏一个成熟项目经理的完整经历。

他感觉很对，说："要早点遇到您就好了。"我说："现在也不晚呀！修正自己的心智模式，不就好了吗？我们每个管理人员的职责就是克服困难，处理问题。工作遇到困难，要想办法去解决它，而不是被困难吓倒。"

当时，这位同志所在的公司正好有个项目业主投诉到我这里，需要人去处理。我就说，你可以先去处理这个问题。我特别强调："不论遇到何种困难，你都不能当逃兵。"他答应后，就下决心到现场处理去了。结果，用了不到一个月的时间，他就把问题解决好了。甲方很满意，他本人也很开心。

通过这个故事，我们可以总结出三点：

第一，世界上的事没有那么难。故事里的这位同志，他所碰到的难事，别人不是都解决了吗？世上无难事，只要肯登攀。一件事之所以看起来很难，是因为我们暂时还没有找到解决的办法而已。只要真下决心去想、去做，办法总是能找到的。

第二，经历就是财富。我们经历得越多，知识面就越宽阔。一个人克服了困难，获得了成就感，就会开心，就会快乐。即使是失败的经历也是一种财富，也是值得珍惜的。不要怕失败，因为有了失败的教训，我们才会更好地把握成功的因素。

第三，心智模式决定人生结果。很多问题能否解决，取决于是否拥有一个积极的心态、积极的思维、积极的行动。因此，心智模式非常重要。

作为社会的一分子，一个人从出生到死亡，时间或长或短。当他到了“盖棺定论”之时，他给社会、给周围的人留下什么样的“结果”，是值得认真探究的问题，也是每个人苦苦探究的人生课题。

人生的不同阶段有不同的人生目标，而这些阶段目标的实现程度就决定了他的人生结果。影响人生结果大小、好坏、优劣、成色等的因素多种多样，但就每个个体来讲，影响人生结果的因素主要有三个方面，一是心智模式，二是勤勉，三是能力。

这三个因素之间存在着相互决定、相互影响的关系，可以用如下方程式来表达：

人生结果=心智模式×勤勉×能力

所谓心智模式，是指一个人在对待成绩、失败、挫折、困难、顺境、逆境时的心理状态，有正向、负向，积极、消极，乐观、悲观之分，决定着“方向”问题。而勤勉则是个人的努力程度，决定着“行进速度”问题。能力是指个人通过先天的禀赋和后天的锻炼所拥有的综合素质，决定着“步伐大小”问题。

我们也可以进一步对这个方程式进行赋值运算。心智模式的赋值范围是−1～+1，勤勉是0～10，能力也是0～10。那么，

人生结果=心智模式（−1～1）×勤勉（0～10）×能力（0～10）

从上述方程式及其赋值中可以看出，如果我们的能力是7分，勤勉是9分，心智模式是+1，那么我们的人生结果就得63分；如果我们的能力是9分，勤勉只有3分，心智模式还是+1，那么我们的人生结果就是27分；如果我们的心智模式是负向的，那么我们的人生结果就是负值。

可以说，心智模式决定人生结果的性质是负向还是正向，而能力和勤勉则决定人生结果的大小、多少。能力除自己努力外，还受客观环境的影响，勤勉则完全取决于自己。

当你在打牌、游玩的时候，有的人正在埋头写下一页笔记；当你在躲避困难的时候，有的人却主动把责任扛在自己的肩头；当你只挑拣轻松简单的任务时，有的人却主动要求到最需要人才的地方去；当你正做着美梦的时候，有的人正一步一步实现人生的规划。

聚沙成塔，集腋成裘。我们每天的行为，便积攒成我们的命运。我们的成功，其实就潜藏在日常不知不觉的行为中。心智模式、勤勉、能力，就是影响我们成功的关键因素，就是我们的“成功基因”。改变自己，修炼出自己强大的“成功基因”，每一个人，都能实现自己的梦想。

升级心智模式，做个智慧的人

明明这个月的奖金没有别人多，心里很难受，却偏要装得毫不介意；明明耗费两天两夜写出的文稿，被领导批得一无是处，内心愤怒得波涛汹涌，却还要向领导赔上笑脸，表示自己会继续努力；明明讨厌一个装腔作势的小领导，却偏要装作有许多共同爱好的样子，陪他逛街吃饭……

此类让你纠结和痛苦，让你言不由衷的职场故事，可能每天都会出现在你的生活中。你会压抑，会愤怒，甚至会因为委屈愤而离职。可是，职场不会因为你的委屈和愤怒而不再运转，职场中的故事依然会每天上演，而你可能因为没有处理好这些纠结和矛盾，已经被边缘化为一个无足轻重的人，甚至被职场淘汰。

在职场，要学会处理好这些问题，那首先要改变自己的心智模式。

不同的心智模式，对事情会有不同的看法。譬如一场突如其来的大雨，淋湿了路上行人的衣服，他们会皱起眉头，诅咒这恶劣的天气；可在久旱的农村，农民们会欣喜若狂，感谢上天赐予了这么一场及时雨。

对一场雨，人们有两种截然不同的态度，只因为看问题的角度不同，立场不同，或者说，心智模式不同。有一句话说，态度决定行为，行为决定习惯，习惯决定性格，性格决定命运。我们的命运就起源于我们的态度，态度起源于我们的心智模式。

心智模式，左右着我们遇到的职场难题是否顺利解决，决定着和同事、上司的关系是好还是坏，影响着职场之路是否顺利前行。心智模式是影响一个人职场成功与否的根本。

不同性格的人，有着不同的心智模式。人与人之间性格各异，甚至大相径庭。有的人优柔寡断，有的人勇敢果决，有的人独断专行，有的人民主公正，有的人自私自利，有的人大公无私。然而，在这众多性格的人中，有一种人，在他人生的各个阶段，不管做什么事情，都有着出色的表现，那是因为在他们的身上，有一个具有成功基因的心智模式，我们把这个心智模式称为成功心智模式。

这个心智模式是一种智慧，能够让一个人得到他人的信任和支持，轻松化解棘手的难题，能够让他失意时依然乐观、重新奋起。得意时，也能够清醒地认识自己，去谋取更大的胜利。

我曾经看到过一个故事，讲的是香港珠宝大王郑裕彤。他年轻时在一个珠宝店当学徒，因为做事勤快、机灵，很受老板喜爱。看到别人家的珠宝店生意好，他就每天早起，到人家的珠宝店门口，看人家怎么做生意。

过了一段时间，郑裕彤就从中发现了一些窍门，回来讲给老板听，比如对客人要热情，店铺门面装修要别致，做珠宝不能太寒酸，存放珠宝的柜台布置要高档豪华……郑裕彤的观察，让老板对他刮目相看。后来老板重点培养他，还把女儿嫁给他。果然，郑裕彤也没有辜负老板的栽培，创办了闻名中外的“周大福珠宝”，成为亿万富豪。

人生处处都有成长的机遇，就看我们能不能看到机遇，抓住机遇。这个看到机遇、抓住机遇的本领，就在于一个人的心智模式。郑裕彤之所以能够从一个学徒，最后成为一个亿万富翁，就在于他拥有一个成功心智模式。一粒沙里见世界，一滴水就可折射太阳的光辉。拥有成功心智模式的人，在做任何事情的时候，都能够显示出自己的智慧。

一个拥有成功心智模式的人，在遇到矛盾和问题时，总是会全面地看问题，从绝境中能看到希望，从困境中能看到机遇，从成功中能看到危机。临危时，他沉着应变，把握时机；辉煌时，他谦卑有度，与人共赢。这让他在任何时候总能处于不败之地。

一个拥有成功心智模式的人，与人相处时，总是会放低自己，尊重别人，待人真诚，信守诺言，与人为善，公道正直。这让他任何时候总能赢得别人的信任和支持。

一个拥有成功心智模式的人，在事业低谷的时候，不会总是抱怨，而是去享受那一份辛苦，用安然的心态去观察、思考，去磨炼自己，增长才识。这让他任何时候都能看到成功的曙光。

《礼记·大学》中有一句话：“古之欲明明德于天下者，先治其国；欲治其国者，先齐其家；欲齐其家者，先修其身……身修而后家齐，家齐而后国治，国治而后天下平。”意思是说，一个人要想去治国、平天下，成就非凡的事业，就要先把自身修养好。而自我修养，要学会辨别是非曲直，学会做一个智慧的人。

在古人眼里，修养身心，才是治国成大事的根本。放到今天，也可以理解成修炼好我们的心智模式。

心智模式决定着一个人会成为一个什么样的人，而一个人是什么样的人就决定着他的行为选择，一个人的行为又常常会无意中左右着他的命运。一个有着成功基因的心智模式，能够让一个人从容地解决职场复杂的困难和问题，在复杂的人际关系中游刃有余，在繁琐的工作中怡然自乐。一个具有成功心智模式的人，是一个智慧的人。

在职场，我们要做一个智慧的人，就需要升级自己的心智模式。那么如何升级自己的心智模式，成为一个智慧的人呢？根据多年的管理实践和职业发展的体会，我总结出以下四点。这四点，是我们修炼成功心智模式的钥匙。

己所不欲，勿施于人

有一个小孩子，不明白回声是怎么回事。

有一次，他独自站在旷野，大声叫道：“喂！喂！”附近小山立即反射出他的回声：“喂！喂！”他又叫：“你是谁？”回声答到：“你是谁？”他又尖声大叫：“你是蠢材！”立刻又从山上传来“你是蠢材”的回答声。孩子十分愤怒，向小山骂了起来，然而小山仍旧毫不客气地回敬他。

孩子回家后对母亲诉说。母亲对他说："孩子呀，那是你做得不对。如果你恭恭敬敬地对他说话，它就会和和气气地对待你。"第二天，孩子来到原来的地方恭恭敬敬地说了些话，结果山的对面也传来礼貌的"回复"。

人际之间的沟通，就如山谷里的回声。我们对他人态度恶劣，也不会得到别人好的脸色；我们尊重他人，也同样会赢得别人的尊重。

职场中，每天我们都要与别人沟通，比如和客户沟通，与同事沟通，与领导沟通等。在实际工作生活中，为什么有那么多争执发生？为什么有时候会因为一件小事而大打出手，闹得不可开交？就是因为有的人始终把自己凌驾于他人之上，总是认为自己是对的，他人是错的，不懂得去理解他人。

要解决问题，就要将心比心；自己不愿意做的事情，就不要去强迫别人去做。孔子说："己所不欲，勿施于人。"把别人放到和自己平等的位置上，去欣赏对方，对方自然也会欣赏我们。

做到"己所不欲，勿施于人"，是沟通的第一个境界。此外，还有一种说法，叫"己所盛欲，勿施于人"。这是沟通的第二个境界。

"己所盛欲，勿施于人"，就是说，不要把自己的喜好强加于人。把自己的喜好强加于人，实际上也是在强人所难。比如喝酒，我就不赞成强劝酒。一个人的酒量有大有小。你的酒量大，可以多喝两杯；我的酒量少，就少喝两杯。总之喝酒不能过量。

“己所盛欲，勿施于人”，承认我是对的，但是你也没有错。我喜欢的东西，你可以不喜欢；我所倡导的东西，你可以提出反对意见。在这个层面上，我们是尊重对方，把对方放在了自己的前面。

在沟通的第二个境界的基础上，还可以更好一点，就是承认“你是对的，我没有错”。这样，就进入沟通的第三个境界。“你是对的，我没有错”，把对方放在更高的位置，维护对方说话的权利。不管你做什么，我都表示理解和尊重，因为你有你做事的原因和道理，我不会因为自己的不喜欢而去反对你。

我曾经看过南非总统曼德拉的故事。他被囚禁了27年。在监狱中，他受到种种非人的虐待。可是，对于这些监狱里的“压迫者们”，曼德拉有过这样一些感想：“其实，并不是所有的狱警都是魔鬼……归根结底，巴登霍斯特并不邪恶，他的野蛮是野蛮的社会制度造成的。”

在曼德拉眼里，狱警之所以虐待他，那是因为狱警在制度的要求下做的，是可以理解的。要怪罪，也要去怪罪制度。在总统就职典礼上，曼德拉亲自邀请当年看守他的三名狱卒观礼。他说，他应该感谢这三名狱卒；感谢那段牢狱岁月——是那段岁月让他学会忍受苦难，学会控制情绪。在众目睽睽之下，曼德拉起立向这三名狱卒表达敬意。

尊重任何一个人，维护任何一个人说话的权利，是一种大度和宽容。曼德拉宽大的胸怀，赢得了世人的尊重。

美国前总统克林顿与曼德拉相识超过20年。他有一次问曼德拉："你邀请从前的狱卒参加就职典礼，让反对派领导人担任要职。你就没恨过他们吗？"曼德拉表示："当然恨过。但如果我仍然恨着他们，我就仍然是他们的囚徒。他们可以夺走一切，但夺不走你的思想和心灵，那是我永不放弃的东西。"

能够做到沟通中的第三个境界，忍耐、宽容、宽恕，一个人就超脱了心灵的枷锁，获得了思想上的自由。

现在，有很多年轻人愤世嫉俗，认为什么都是不合理的。实际上他不了解事情的来龙去脉和历史背景，掌握的信息太少，信息不对称，最后做出的判断也会是错误的。为了避免这些错误，我们要换位思考，维护别人的权利。存在的，都是有一定合理性的，我们要理解和分析才行。这样，我们才会把良好的人际关系建立起来。

一分为三地处理问题

一枚硬币，有正面和反面；一座山，有阳面和阴面。

很多事情，也都有着两面性。看问题不能绝对化，不能非对即错。事情本身的好或者坏，对或者错，只取决于我们看问题的角度。生活中，很多事情都是福祸相依，不断地在发展变化，常常没有绝对的好，也没有绝对的坏。

在一分为二的基础上，我们还要学会“一分为三”地处理问题。

一分为二，是分出彼此看问题。可是，世界上很多事，在“彼、此”之外，还有一个“亦此亦彼”、“非此非彼”的中间地带。如果用颜色来形容的话，那这个地带既不是黑色，也不是白色，而是介于黑色和白色之间的灰色。

在微观世界，有一个著名的现象，叫“波粒二象性”。曾经有科学家认为光是一种如水波一样的流体，有的科学家则认为光是一颗颗微粒。然而，后来经过爱因斯坦研究证实，光既有波的特性，也有粒子的特性，光是波动性和粒子性的统一，即具有波粒二象性。

事实上，不管自然界，还是社会领域，这种介于“既是波，又是粒”，“既不是黑，也不是白”情况有很多。如果说，学会一分为二地看问题，我们就多了一份理性，那么，学会“一分为三”地处理问题的时候，我们就多出了一份智慧。

华为是一家民营通信科技公司，一向以创新闻名，每年的业绩考核中，一个重要的指标就是“新产品占整个销售额的比重”。可是，如此重视创新的任正非，却常说一句话：不要盲目创新。

任正非认为，做研发，如果全部是自己重新开始研究，不仅浪费人力物力，而且很难取得更好的成绩。更何况，市场竞争如此激烈，等到完全研发出来，早就没有市场机会了。所以，任正非要求，华为的研发要站在别人的肩膀上，70%来自于成熟技术，30%进行研发创新。只要在市场上取得成功，就是真正的创新。

如果说，创新和模仿是一件事物的两面，任正非走的路线，就是那个介于创新和模仿之间的中间地带。他在这个灰色地带里，找到了华为的生存之道。这也是“一分为三”地处理问题的智慧。

西方历史上曾经有很多的战争和屠杀，都是由于不同人群的宗教信仰不同引起的：一个教派视另外一个教派为敌人，互相攻击杀戮。16世纪40年代，法国的天主教和新教连续爆发了八次激烈对抗，对16世纪的法国造成了严重的破坏。

中国传统文化，倡导的是兼容并蓄。有人说，中国的文人往往得意时是儒家，失意时是道家，到了绝望的时候就是佛家。在中国人的心里，可以兼容这三家的文化。历史上，中国各个学说之间互相吸收、互相影响，当佛教等宗教传入中国，不仅没有爆发激烈的冲突，反而与各种思想之间不断消化吸收，实现了融洽的发展。因此，中华文明得以延续五千年。

“一分为三”地处理问题，是一种包容，一种宽厚大度。处理问题的时候，要辩证、历史地去处理。这才是在职场生存的智慧。

牺牲享受，享受牺牲

唱歌、看电影、玩游戏……现代社会有太多供人玩乐享受的机会。

如果一个美好的周末，你正在和朋友一起快乐地唱歌，单位领导突然给你打电话，告诉你有个任务需要你回到办公室完成。此时，你的心情会是怎样的呢?

或许你会毫不犹豫地扔下麦克风，回到办公室。但我想，没有几个人的心里会和唱歌时一样快乐。你甚至会抱怨，抱怨这份工作牺牲了自己的周末，牺牲了自己的快乐。在职场中，享受人人都会。牺牲，很多人都不愿意，因为它是一件痛苦的事。

事实上，一个人在职场中常常面临许许多多的牺牲。我们的时间，我们的精力，我们和家人的团聚，我们对父母的孝心，甚至我们作为父母陪伴孩子的责任，都有可能因为工作的需要而被牺牲掉。

最近一个小男孩走红网络的一篇的作文写道："我的爸爸是一名外科医生。外科医生很少有休息的时候，经常要加班……我不喜欢这样。我希望爸爸不要睡懒觉，不要经常去加班。我希望他和我们一起的时候要开心还要有精神，要多陪陪我们。爸爸好像并不明白我们的心思，还是每天早出晚归，一个电话就又被叫走了，休息天就想着一直睡懒觉，连狗都讨厌他。"

短短的一段作文，描述了一个8岁孩子眼里的爸爸：加班，爱睡懒觉，没时间陪孩子，以至于连狗都讨厌。小男孩在结尾时写道："我要怎样才能让他明白他是我的爸爸，而不是那些病人的爸爸。"童言无忌，却也道出了医生行业的忙碌。事实上，不仅是医生，在各个行业，只要我们身在职场，都有可能遇到这样的情况。我们不得不牺牲掉很多原本属于自己的东西。

牺牲享受我们可以做到，但享受牺牲恐怕能做到的人就不多了。如果我们能够享受牺牲，那我们就到了一个新的境界。人和人的区别之一，就是对待牺牲的态度。如果把牺牲看成一件痛苦的事，我们就经常会痛苦，毕竟人生不如意十有八九。如果把牺牲当做一件快乐的事，那我们就永远都会快乐。

当然，这个好像有点阿Q精神。但是人生有时候需要点这样的辩证思想，这是健康的心态。有了这种健康的心态，我们自己就会感觉快乐。本来牺牲不是好的，但是我们将牺牲也变成享受了，那么我们的一生都在享受，我们的快乐就多了。

学会归零

归零，是一种豁达的心态，一种人生的智慧。

当夜幕降临，一天的喧嚣便消失得无影无踪。成也好，败也好，喜也好，怒也好，这一天便已经永远从我们的生命中消失了，我们所能把握的只有当下。放下所有的过去，倒空自己，迎接新的一天。

一个老和尚在桌子上放了满满一杯水和一个水壶，问小和尚：“怎样才能把水壶里的水倒到这个杯子里？”小和尚挠挠头，不知道该怎么办。老和尚不动声色地把水杯里的水倒掉，留下一个空杯子，然后拿起水壶，把水倒进了这个杯子里。小和尚霎时明白了。

学会归零，就是倒空自己，用一种谦虚的、空杯的态度重新开始。

一位企业家在接受中央电视台“东方之子”栏目采访的时候说了一句话：“往往一个企业的失败，是因为它曾经的成功。”对于一个企业来说，第一次成功相对比较容易，第二次却不容易了，原因就是不能归零。

归零，就是放下过去的成绩，这样才不会骄傲自大，才能永久地保持一个竞争者的活力。对于一个企业来说是这样的，对于一个刚毕业走入职场的青年员工来说，也是这样的。走出大学校门，你就不再是“天之骄子”。无论你在学校里学到什么专业知识，不管你在校园里多么出类拔萃，进入职场，你就进入了一个全新的领域，一切都要归零。

就如上面故事中的杯子，只有清零，一个大学毕业生才能短时间内融入新的环境，接受新的知识。就如大海，当把自己放到最低端，才能广纳百川，成就波涛浩荡的海洋。一个人只有为自己的每一个阶段定期归零，常常拥有求知若渴的“海绵”心态，虚心向周围的同事、同行和各个领域的人学习，才能适应当前变化迅速、竞争激烈的社会要求。

把成绩放到一边，是一种归零。把挫折和不高兴放到一边，也是一种归零。职场中总有这样那样不顺心的事情，愤怒和挫折感只会影响我们的心情，绊住我们前进的脚步。

有一个员工，因为发工资时，少给他发了100元奖金，他很生气，愤怒地提出了辞职。后来，我和他聊天，他说："部门领导对我不公平。我干了和别人一样多的工作，为什么会少发100元奖金给我？"

我问他："是否喜欢自己的工作？是否喜欢这个单位？"他说："喜欢。"我告诉他："如果仅仅是因为这100元奖金就辞职，就太得不偿失了。因为辞职后，你还要重新去找工作。光时间成本不说，能否找到合适的岗位，还是一个问题。这中间，又要损失多少工资？"后来，那个员工留了下来。过不久，也搞清楚了：那个奖金原来是人力资源部在计算的时候，出现了一点错误。人力资源部又把这100元奖金补给了他。

职场中，常常会遇到这些似乎是很不顺心的事。比如别人干了轻松而又效益好的活，而你干了又苦又累还不容易出成绩的工作；别人年纪轻轻就有了出国锻炼的机会，而你可能工作很多年也难得出一次国；你明明付出了很多劳动，可领导却没有看见，反而去表扬别人。这些恼人的事情如同尖刺，当我们用脚去猛踢它的时候，被刺伤的只有我们自己。

学会归零，把那些恼人的尖刺放到一边，它们就不会去刺伤我们，而我们自己，也收获一份快乐的心情。学会归零，把成绩放到一边，把挫折和愤怒放到一边，时刻保持谦卑的心态，不断地学习进取，时刻保持快乐的心情，积极乐观地迎接每一天。

升级工作态度，做个勤勉的人

人生如逆水行舟，不进则退。

不要以为睡个懒觉，两个月没看书，草草地应付一下工作，没什么大不了。你没有看到的是，你的同事们正在加班熬夜，把方案做得更加完美；你的朋友们正捧着最新上市的图书，看得津津有味；你的同学，正匆忙地从一个城市飞往另外一个城市，参加一场场高端的会议。此时，你的脚步已经落后于别人了。

如果想在职场走得更远一点，那就先改变自己的工作态度吧。有什么样的工作态度，一个人的人生就会走出多远的距离。如果把人生比作一辆前行的车，用马来拉，就是一驾马车；用火车头来拉，就是一辆火车。在人生的路上，不同速度的车，能够到达的距离最终也会有质的差别。职场上，我们的工作态度将直接决定着我们这辆“车”的奔驰速度。

有些人，天天也在忙着做工作，但却深入不下去，对领导交待的工作，装模做样，应付了事；有些人，也在做工作，却不动脑筋，不想办法，领导让怎么做就怎么做，不会了就推给领导；还有些人，积极主动，有了工作，不但把工作做成，还要把工作做好。

同一件事情，不一样的工作态度，就会做出不同的结果。

有个人经过一个建筑工地，问那里的石匠们在干什么？三个石匠有三个不同的回答。 第一个石匠回答：“我在做养家糊口的事，混口饭吃。” 第二个石匠回答：“我在做很棒的石匠工作。” 第三个石匠回答：“我正在盖世界上最伟大的教堂。” 这三个石匠，有着完全不同的工作态度，他们的工作结果，也将会大相径庭。

第一个石匠，把手里的工做完，能够交差领到薪水，就已经足够了；第二个石匠，会细心打磨作品，精益求精，竭力做到完美；第三个石匠，将会不断创新、不断思考，不但完成自己的工作，还会为整个教堂出谋划策。

不一样的工作态度，就会有不一样的工作动力，也就会有不一样的结果。如果有一个管理职位空缺，领导在选择合适人选的时候，当然会选那一个为了“建一座伟大的教堂”而工作的石匠。

一个工作态度积极的人，会是一个勤勉的人。一个勤勉的人，才会认认真真地做一件事，坚持不懈地朝着一个目标去努力；一个勤勉的人，才会不断学习，不断思考，不断创新；一个勤勉的人，才会一步一个脚印，扎扎实实地走向成功的未来。

改变工作态度，不是让一个人“头悬梁，锥刺股”。在现代社会里，我认为一个人能做到下面这几点，就培养出了一个积极的工作态度。

十分耕耘，一分收获

人们常说："一分耕耘，一分收获。"可是，在实际的工作中，我们要有"十分耕耘，一分收获"的心态。

有过农村生活经历的人，会知道黄河流域有这样一句俗语："麦收八十三场雨。"意思就是八月、十月、三月各下一场雨，这三场雨下透了，麦子就可以收成了。如果八月、十月都下雨了，就剩三月份那场雨没下，那麦子收成也不会好。如果八月、十月、三月老天爷不下雨，那种麦子的人就要人工引水浇地，否则，就会影响麦子的收成。

要想获得麦子丰收，就要经过辛苦的劳作。从播种到收割，到归仓，农民们要用半年多的时间，依次进行播种、施肥、浇水、除草、灭虫，繁琐而劳累。我从小在农村长大，深知"谁知盘中餐，粒粒皆辛苦"的道理。

一分耕耘，未必会有一分收获；只有十分耕耘，才会确保来年的一分收获。

麦苗经过蹲苗、拔节、抽穗、染花、灌浆等漫长的生长过程，却也未必能够丰收。麦子成熟前，一场突如其来的暴雨、冰雹等自然灾害，就可能把麦子吹倒，颗粒无收。可是，农民依然奔走在田间，小心翼翼地伺候着这一株株小苗。

在职场，我们常常需要去完成一件件任务。比如，去开拓一个市场，去修建一座大厦，去建设一条铁路，或者，去研究一项新的技术。有的人付出努力，却没有结果，受到挫折打击便放弃，最终只会双手空空。

在现实生活中，并不是每一分梦想都会成为现实，并不是每一分努力都会有回报。可是，不能因此而放弃自己的努力，而应用“十分耕耘，一分收获”的心态来看待自己的付出。

在《曾宪梓传》（作家出版社，1995年版）这本书里，作者记述了世界著名的“领带大王”曾宪梓的故事。少年时，家境贫困的曾宪梓，当发现香港的领带大多从国外进口，本地领带业还很薄弱的时候，下定决心进军领带业。他幻想着，假如香港每人买他一根领带，他就发财了。

为了实现这个梦想，他租来一间住房，买了一台缝纫机，自己动手设计、加工、销售。他日夜操劳，花光了原本用于维系家庭生活的全部6000港元，生产出来的领带却没有被别人看中。曾宪梓带着样品，跑遍了香港的大街小巷，没有卖出一条领带。

曾宪梓的美好梦想被无情的现实击得粉碎，可他没有因此灰心，放弃这个行业。他在一个商店经理那里，找到了自己失败的原因。和进口领带相比，自己的领带款式单一，用料低廉，确实很难吸引别人。这6000元港币的学费，让曾宪梓认识到，自己要调整经营方向，从生产廉价领带转向生产高档领带。

一分耕耘，往往不会立即回报给我们想要的收获。但是，每一分耕耘，我们都不会白白付出，我们都会得到一定的回馈。这个回馈，有时候并不是那么美好，而是藏在失败里。成功的人之所以会走向成功，是因为他们会在耕耘之后却没有收获的失败里，寻找到能够得到更大收获的路径。

曾宪梓的第一批领带失败后，他拿出学习微生物专业的劲头，用显微镜去分析国外的名牌产品，从做工、花纹、用料等方面，找到了改进产品的办法。然后，曾宪梓不惜高价从法国买来高档面料，终于生产出可以和欧美进口领带相媲美的高档产品。由此，他逐渐在香港领带业站稳脚跟，走向巨富之路。

一分耕耘，未必会有一分收获；可十分耕耘，我们总会有一分的进步。有很多事情，往往是经过前期漫长的积累，到最后才会豁然开朗，得到最终的结果，正所谓“众里寻他千百度，蓦然回首，那人却在灯火阑珊处”。

那个砸到牛顿头上的苹果，之所以让牛顿悟出“万有引力”，得益于牛顿长期的研究和思考。有很多人行走在苹果树下被苹果砸过，可是没有大量的研究积累，没有人会悟出这个道理。那个苹果，只不过是顿悟前的灵光一闪。

门捷列夫在睡梦中，发现了各种元素之间的排列规律。有人把这个成就归功于门捷列夫的睡梦。可是，门捷列夫从学生时代开始，就一直对“元素”与“元素”之间可能存在的种种关联充满兴趣，并且利用一切时间对化学元素进行研究，这是他十五年不懈努力的结果。

人在职场，要有这种“十分耕耘，一分收获”的心态。不要期望着每一分耕耘，都给我们想要的回报。要从一分耕耘的结果中，去发现自己的不足，找到改进的办法；用“十分耕耘”的心态，去等待我们的收获。

有的人多做一点事儿，便抱怨劳累，抱怨领导不给加工资，抱怨自己付出那么多，却没有升职的机会。殊不知，对于一个人的种种努力，领导常常看在眼里，记在心里。如果这个人真的是一个可用之才，领导会在合适的机会，给他一个发展的平台。

精心算计着自己的努力，每一分付出，都计算着能够得到多少回报，这样的心态，到最后恐怕是颗粒无收。踏踏实实地埋头工作，不计较得失，不计较成败，为了工作而不懈努力，我们终会等到喜获丰收的那一天。

经历愈多，进步愈快

古人追求知识，讲究读万卷书，行万里路。读万卷书，就是要闭门苦读，读各种各样的书。“书中自有黄金屋，书中自有千钟粟。”行万里路，就是除了读书，还要出去走，多看看外面的世界，增长阅历。

我们比古人幸运。现代社会的互联网技术，让大家足不出户便可阅遍世间山水，打开网页便可通晓古今。我们不用再像古人那样，闭门苦读，四处跋涉。但是，在职场，我们一定要去经历。

富兰克林曾说过："原始经验是学费最贵的学校，但它是唯一可以学到知识的学校。"对于我们普通人来说，做事，做万件事，是最好的经历。

经历过失败，我们才能找到通向成功的平坦大道；经历过人生的惨淡，我们才知道珍惜来之不易的生活；经历过奋斗的煎熬，才能享受成功那一刻的美好。每一次经历，都是一次人生的体验；每一次经历，都让我们对世界有了更深的认识；每一次经历，都是我们人生的财富。

我1976年开始当兵，一直到1988年，都是做文秘工作。12年我就一直在机关做基本相同的工作。当时，身为建筑施工企业机关办公室秘书，却对建筑施工的各个环节弄不清楚。当我参加局长办公会做记录，与会人员发言说起人工费、材料费、机械费、管理费等术语概念时，经常记错。

于是，我向局领导提出下基层一线工作。到项目部后，我从其中一个大家都不愿干也是最小的工程——298平方米的配电室工程的小工长做起。

俗话说："隔行如隔山。"在部队期间虽然自学了多门学科，但没学习过建筑制图，仍然看不懂建筑施工图纸。在项目施工中，我就向老工程师们请教，抱起大部头的专业书籍去读，向刚分配来的大学生学习项目管理的业务知识，向身边的工人师傅学习工程技术。经过这样一点一点的学习累积，等到这个项目结束之后，我已经对项目管理方面的知识有了一定了解。

随后，我接手了第二个项目，一个2000多平方米的工程。这个工程项目，在施工结束验收时被评为优质工程。

1990年，公司接了一个大活——美国辉瑞制药公司大连制药厂项目。该项目投资5500万美元，是个大项目。有了前面的项目管理经历，我的能力也得到了认可。于是领导研究决定把我派到该项目，先任调度长，后任指挥长。

三年施工期满后，指挥部交出了一份满意的答卷，实现了工程如期交工（按合同要求提前了一个月）、档案材料如期交备（外资项目卷宗移交地方政府档案馆）、工程结算同时做完、工程款全部付清（除一百多万工程保修费，其余一个多亿人民币的工程款项悉数到账）、专业分包结算同时完成等五个令人振奋不已的“同时完成”目标。工程达到了四个满意：甲方满意，八局总部满意，参战单位满意，大连地方政府满意。在随后的工程验收中，该工程被评为辽宁省优质工程，为企业赚了高额利润，效益之高出乎八局许多人的意料。

这些经历，让我学到了不少工程项目的专业知识，积累了一些项目管理的实践经验，了解了建筑工程企业运行中容易出现的问题掌握了问题解决的办法。再提起项目管理，我可以做到胸有成竹了。这些经历，让我成为一个真正的建筑人，为我以后的职业生涯打下了坚实的基础。

后来，我又做过预算、财务工作。我现在为什么可以与财务人员交流，与商务人员讨论预算造价问题？因为我做过这些工作，了解这些工作。好多的领导为什么没有威信？他做的决定一看就有漏洞，别人的合理建议他也不采纳，乱拍板。员工当面不说，背地里却不服，领导有什么权威！

有了丰富的职业经历，我们才能在职场逐渐成熟起来。

在工作中，直面矛盾和问题，用创造力和主动性去完成任务，我们就增长了经验和能力；在工作中，发现自己的弱点，针对不足之处加强学习，我们就增长了知识；在工作中，学习优秀前辈的经验，掌握一项工作的规律，找到改进工作的方法，我们就增长了智慧。

锲而不舍，水滴石穿

我出生于上个世纪六十年代。和那个年代相比，现代社会有着越来越多的机会，越来越多的诱惑。但这些机会和诱惑也让许多职场中的年轻人沉不下心来。看到自己的工作比其他工作辛苦，看到自己的收入没有别家公司员工的收入高，或者在工作中遇到一点儿委屈、一点儿困难，便开始动摇，要么换工作，要么心不在焉，应付度日。

没有定性，是职场中人最大的忌讳。

职场，是一个由人组成的空间，除了单纯的工作，还可以通过工作建立自己的人脉圈子。然而，人与人之间的信任，是一个逐步建立的过程。从接触、熟悉，到了解、信任，并非一朝一夕的事情。时间越久，我们与周围同事之间的关系越紧密，越牢固。建立一个互相信任的朋友圈子，既可以丰富我们的生活，更有助于我们职业的发展。而频繁跳槽的人，则缺少了这个可以建立关系的时间和环境。

从培养工作能力方面来讲，业务能力是不断积累才能提高的。这种积累，需要在平日工作中完成，需要在解决难题的过程中完成。频繁跳槽的人，每到一个新的工作岗位，便面临着新的环境，很难在短时间内完成专业能力的积淀。

在职场，一旦选择好职业方向，就一定要耐得住寂寞，忍得住委屈。“咬定青山不放松，立根原在破岩中。千磨万击还坚劲，任尔东西南北风。”做一个像苍松一样顽强而执着的人，方能最后达到职业发展的巅峰。

进入职场之后，我们离开了家庭和学校的庇护，真正独立面对社会，就像羽翼尚未丰满的小鸟飞向蓝天，总会遭遇挫折，如果有些骄傲的心态，更易遭受挫折。

在中建五局，我向青年员工讲过一个故事。有一个美国男孩，放学时突然跌倒在地，一只膝盖擦破了皮。到了晚上这只膝盖疼痛起来，这个13岁的孩子忍住疼痛，没有告诉家人。过了几天后，腿疼得更厉害了，而且还红肿了。他母亲急得赶忙请来医生。医生看了看孩子的腿，摇着头说："现在没办法保住这条腿了。只有锯掉，才能保住孩子的生命。"小男孩恳求他的哥哥说："不要让他们锯掉我的腿！"

两天两夜，哥哥寸步不离守在门前。亲人们只能跪在这个孩子床边，纷纷祈祷。 第三天早晨，医生来查看，发现红肿减轻了。又是一个夜晚，这个孩子睁开了眼睛，腿上的红肿已大大消退。三个礼拜后，孩子虽然又瘦又弱，但他可以双脚站立了！他就是美国第34任总统——艾森豪威尔。

这个故事可以告诉我们：

第一，意外来袭，要勇敢面对。人的一生中会遇到很多意外和挫折，当意外和挫折来袭时，我们是后退，当逃兵，还是奋起，继续勇敢地前进？这对每个人都是一个很大的考验。很多名人、伟人都是勇敢面对挫折和失败，并善于化压力为动力，从逆境中奋起。他们的经历很值得大家深思、学习。

第二，经受磨难，坚持就有未来。与其抱怨道路坎坷，不如修平自己的内心。要正确面对一时的困难挫折，拿得起放得下。常言道："人生不如意事十之八九。"如果把生命比做一把刀，那么，挫折就是一块不可缺少的磨刀石，为了使我们的"刀"更锋利，就必须勇敢地面对磨砺。

第三，适度冒险是必要的。在这个故事里，小男孩的家人是冒了一些风险的。但冒险的前提是不要丢命。在敢于冒险的同时，还要善于精心运筹，避免危险的发生。

当我们受到挫折的打击，看不到未来的时候，可以冒一下险；在有小部分把握的情况下，坚持一下，或许就迎来了转机。

毛泽东在《论持久战》中说道：“战争的胜负往往决定于主帅的意志是否坚强，而最后的胜利也往往存在于再坚持一下的努力之中。”

美国菲纳斯石油公司的创始人菲纳斯，在早期钻井寻找石油的时候，由于没有经验，判断错误，结果打的井全是干井，没有打出一滴石油。可是，菲纳斯已经投入了自己的全部资金，几乎要面临破产了。雄心不死的菲纳斯靠借贷继续打井。终于有一天，他打出了一口产油丰富的井，赚了一大笔钱。依靠这一口油井，菲纳斯的事业起死回生，稳步发展，开发出了更多的油井，并成立了美国早期最大的石油公司。

如果我们选择了一个企业，那就不要后悔，不要左顾右盼、东张西望。否则，最后的结果，就是一无所获。也就是说，我们选择了一个企业，就要热爱它，好的地方我们继续把它做好，不好的地方我们把它改造好。

我们做事的时候，一次做不好，不要紧，下次接着做，做几次，慢慢就会了。我们不断地去做，就能做好。锲而不舍，滴水穿石。我们如果有这种品格和修养，离成功就不远了。

天下大事，必作于细

荀子在《劝学》中写道：“不积小流，无以成江河；不积跬步，无以至千里。”波涛滚滚的江河，都是由涓涓细流汇集起来的。每一个前进的脚步，都是迈向成功的基石。细节是平凡的，不足为道，但任何一个细微的举动，都有可能促成我们的成功，或者导致我们的失败。

人与人之间的差别，常常是通过细节显示出来的。

譬如，约人见面时，有的人会早到等待他人。做一个幻灯片，有的人会做得更工整，更美观。汇报工作的时候，有的人数据更详实，总结得更全面……这些细节看起来很不起眼，但日积月累，便会影响到别人对我们的看法。

古人云：“一屋不扫，何以扫天下？”在古人眼里，如果连一个打扫屋子这样的小事都做不好，又怎么能担负起天下大任呢？

细节，影响着一个人的形象；细节，能够决定成败。那些在激烈竞争的行业脱颖而出，受到消费者青睐的企业，往往是最注重细节的企业。

餐饮业的典型“海底捞”，之所以受到消费者信赖，依靠的就是细节服务。走进海底捞餐厅，如果没有位置，客人会有多个选择，可以下棋，可以吃小吃，女士还可以美甲，把枯燥的等候时间变成乐趣。入座以后，服务员笑脸相迎，递上热毛巾，端上饮品，让客人有一种宾至如归的感觉。就餐过程中，火锅味道鲜美，还有十余种调料供客人选择……这些服务细节，令吃饭这件简单的事温暖人心。

全球快餐连锁店麦当劳，仅仅依靠薯条、汉堡、饮料这几种简单的产品，便做到长盛不衰，是因为他们选用的食材是专门种植的马铃薯，任何时候上餐，都要保证是鲜炸薯条。另外还规定，汉堡中的牛肉原料要求脂肪含量不得超过19%，牛肉绞碎后一律按规定做成直径为98.5毫米，厚为5.65毫米，重47.32克的肉饼。这些苛刻的细节，赢得了消费者的心。

在职场，不论从事什么行业，都要做到从小事着手，从小处着眼。

细节，往往隐藏在我们看不到的地方，从细节入手，需要我们的一份耐心，一份虚心。放下自己的身段，周密地思考，才能发现这些细节；放下自己的自满和骄傲，才能认真完善这些细节。

有一家幼儿用品商店，进了不少最新颖的玩具，可是孩子们进店转一圈就出去了，跑到附近其他店里买了同款。店主非常不解。有一天，他向一个带着孩子进店的爸爸询问，想知道这是怎么回事。爸爸告诉店主，这些玩具摆在最高的位置，虽然显眼，可孩子个子矮，看不到。老板听后恍然大悟，赶紧把玩具摆在和孩子个头差不多的位置，生意一下子就好了起来。

细节之所以称为细节，就是因为它微小，不足称道。只有克服浮躁的心态，认真去寻找，才能看到某些细节的不足之处，也才能做出相应的改善。只有把细节做好，才能成就更伟大的事业。

多一点梦想，少一点空想

“人可以十天不喝水，七八天不吃饭，两分钟不呼吸，但不能失去梦想一分钟。没有梦想比贫穷更可怕，因为这代表着对未来没有希望。一个人最可怕的是不知道自己干什么。有梦想，就不在乎别人骂；知道自己要什么，最后才会坚持下去。”马云在演讲中这样说。

如果说成功是一棵大树，那么，梦想就是春天枝头萌发的点点嫩芽。或许历经风吹雨打，小芽无奈凋落，没有机会伸展成绿色的叶片，可是如果没有这点点嫩芽，无论有多么美好的阳光雨露，成功之树也难以茁壮成长。

人生，多一点梦想，就多一点成功的可能。

马云在演讲中还谈到自己创业时的情形。那是1995年，他发现互联网逐渐会影响到人类生活的方方面面，就把进军互联网当成了最初的梦想。为此，他请了24个朋友到自己家里，告诉大家，自己准备辞职做互联网，然后听取大家对这件事情的看法。两个小时以后，大家投票表决，23个人反对，1个人支持。

在大家眼里，马云的这个梦想几乎是一件不可能的事情。可是，经过一晚上的思考，第二天早上，马云还是决定辞职去做互联网。对马云来说，互联网当时仅仅是一个很遥远的梦，能不能实现，能走到哪一步，他都没有特别清晰的概念，但他还是选择坚持下去。正因为这个可贵的梦想，今日的中国才崛起一个名叫阿里巴巴的电子商务帝国。

马云说："我强烈地相信，不是科技改变了世界，是科技背后的梦想改变了世界。如果是科技改变了世界，我不会在这儿，我没有被训练成一个科技专家，我对电脑一无所知，我对互联网也了解不多。但是我有一个强大的梦想，我要帮助中小企业。"

梦想，是暗夜中的点点星光，纵然微弱，却指引我们行走的方向。

梦想，是沙漠里远处的一汪清泉，纵然路途艰辛，却能让我们看到生命的希望，增添我们前行的动力。

人要多一点梦想，少一点空想。梦想和空想最大的区别在于是否有行动，在于是否和现实相结合。很多年轻人，梦想着成为千万富翁，成为商界精英，成为政界要员……却从不付诸实践。有了梦想，就要脚踏实地，朝着梦想出发。如果脱离现实，不去付诸实施，梦想只能是空想。

著名电影导演李安，当初报考电影学院的时候，曾遭到父亲的强烈反对。在父亲眼里，想做电影的人太多，而这个行业机会太少。可李安执意选择了自己的梦想。如父亲所料，李安电影学院毕业后，有六年的时间工作很不如意，大多数时间是帮剧组做点杂事。他甚至拿着一个剧本，两个星期跑了三十多家公司，均遭到拒绝。

那时候，李安已经三十岁。他一边在家带孩子、买菜做饭，一边读书、看电影、写剧本。慢慢的，他的剧本开始得到基金会的赞助，作品获得奥斯卡金像奖、威尼斯电影节金狮奖及柏林电影节金熊奖等多项国际大奖。如今，李安已成为好莱坞A级导演。

我们要以梦想为明灯，不管道路多么艰险，也要步步前行。人生难得几回搏，我们要用青春的时光，为了自己的梦想而奋斗，不管未来如何，生命将永远无悔。

升级素质能力，做个有用的人

雄鹰能在天上盘旋，俯视大地，因为它有一对宽大的翅膀；豹子能够风驰电掣般奔跑，让猎物无所遁形，因为它有强壮的四肢；老虎能够威震山林，号称百兽之王，因为它有尖利的牙齿，有力的爪子。

那么，你呢？在职场，你是否也拥有一技之长？这个让你在职场脱颖而出的一技之长，就是你的素质能力。

在职场，一个人能走多远，能够走多高，核心在于素质能力。

从个人来讲，要想在职场占有一席之地，就要具备核心素质能力。没有一定的素质能力，我们就无法得到他人的尊重。通常情况下，我们为社会贡献越多，就越能得到尊重。而一个人的贡献大小取决于他的核心能力。

人在职场，要下决心打造自身专业优势，提高素质能力。要立足自己的岗位，做好该做的事。如果有机会，要多学一些其他岗位的知识。这些，都是提高素质能力的有效途径。

拿我自己举例，不论到哪儿，干什么事，我都尽力把这事情做好。难得领导信任，给我机会，因此特别珍惜。我当小工长的时候，预算不是我的事，但我想学，我就对预算员说，我来做，做完了你来看。这么去学，便掌握了预算。后来，我在中建八局一公司当经理时，所有的大型投标项目我都亲自参与。因为做过预算，我决策的时候心里就有数。当时，如果错过那个学习的机会，我不就没有这个优势了吗？

个人专业素质能力提高了，具备了专业知识，等有一天我们走到领导岗位，做决策的时候，我们就敢表态。否则就不敢表态，几次下来被大家称为外行，我们就没有威信了。

在职场，最不缺的就是人。如果一件事情，大家都不能做，而你能做出来，或者如果大家都能做，而你能够把它做得更精细、更专业，很显然你要更胜一筹。而这，也将成为你在职场发展的核心优势。

年轻的时候，正是学习的好时候，要立足岗位学习，提高个人素质能力，这样对一生都有好处。在我看来，要提高素质能力，就要做到以下几点。

建立专业优势

社会的竞争，如同大自然丛林里的生物竞争，遵循着“适者生存”这一法则。它不会因为我们抱怨或是遭受到“不公平”待遇，就会改善。如果我们没有专业优势，没有一技之长，等待我们的，只能是逐渐被社会边缘化。

我在主持中建五局工作的时候，把单位里的员工划分为一般人才、青苗人才、骨干人才、核心人才四类，或者“地核人才”、“地壳人才”、“地表人才”三类。“地核人才”就是高管层，处于核心位置；“地壳人才”就是中层干部、关键岗位人才；“地表人才”就是一般员工。

这三类人才中，“地核人才”往往具有高人一筹的综合素质能力，不仅数量少，而且很难替代；“地壳人才”综合素质能力强，有发展潜力，但还需要培养；“地表人才”没有突出的能力素养，适合在基础岗位上工作，而且最容易被替代。我们在薪酬和培养上，会花更多的精力关注前两种人才。

就企业来讲，这种划分是相对固定的，但就个人来讲则是变动的。你今天可能是“地表人才”，明天可能就是“地壳人才”或者“地核人才”。同样，如果不努力的话，也有可能从“地核人才”变为“地表人才”。

这种竞争是非常重要的。每个人作为团队的一分子，都要勇于面对这样的竞争，不断提升自己的能力，让自己成为不可替代的“地核人才”和

“地壳人才”。要成为企业中不可缺少的核心人员，就要不断增长自己的专业技能，在某一个领域成为专业人才。这是一个人最大的优势。

或许在校园里，你已经对将要从事的职业，有了一定的学习与训练。但现实中的实践是不断变化的，你会遇到形形色色的困难和问题，这不是书本知识所能涵盖的。书本上的知识，只能帮助你跨过入职的门槛，而获得岗位后，需要从零开始。

岗位的专业技能，是在工作中不断积累的经验，是知识和动手能力的融合，是解决实际问题的能力。作家要写出一两本好书，才能称其为作家。一个学工民建专业的人，技术上一定要有那么两招。我们要选准突破口，锻炼自己的专业技能，哪怕在最平凡的岗位上，也可以做到最好。

中建五局有个员工叫翟筛红，原本只是一个普通的木工，可他在多年的职业生涯里，从木工做起，逐渐做到工长、中建总公司首席木工操作师、中建五局资深技师，最终做到全国精细木工“状元”。翟筛红在木工领域深入钻研，练就了一身木工专业技能。

翟筛红16岁跟人学习木工，一开始学到一些刨料、锯料、打眼等简单的基本功，出师闯荡市场的时候，连凳子都不会做。此后，他靠自己认真琢磨，几乎学会了所有的木工活儿。由于手艺出众，他被聘入中建五局装饰公司。

装饰公司对木工有着更加严格的要求。他原来在外面做门，门缝三四毫米也没人管，能用就行。而这里，规定门缝只能在1.5～2.5毫米，超出范围就是不合格。如果不合格，不光拿不到钱，还得扣钱。面对这些苛刻的规矩，翟筛红更加严格要求自己，手艺上日益精益求精。

每当遇到有特色的建筑，翟筛红总是认真地观察和琢磨。他的老家江苏无锡太湖鼋头渚有一座古庙，每当回老家，他就跑去研究古庙的雕龙柱，柱上有多少鳞片他都记得一清二楚。为了提高理论水平，初中毕业的翟筛红，拿着字典，一字一句地把《营造法原》这本书读了下来。要知道，这本书是建筑大师的大作，竖排文言文，大学毕业的本科生都很难读下去。

沿着木工这条路，翟筛红不断钻研、学习，认真对待每一个工程。在中建五局装饰公司，翟筛红参与了全国20多个省市的100多个装饰工程，在洛阳牡丹城、西藏邮电商贸楼、长沙中建大厦、榆林国际大酒店、湖南省质监局、郑州地铁、郑州华南城等多个工程中担任木作工长，他参与施工的工程先后获得3项鲁班奖、2项全国建筑装饰奖。

在木工这个普通的岗位上，翟筛红边干边学，边干边成长，从手艺的精度及广度上，练出了自己的专业优势。如今，翟筛红早已不再是一个普通的木工，不但担任中建五局装饰公司项目总工程师，还从五局走向全国，当选为中国海员建设工会兼职副主席。

木工，看似一项很普通的技术，当翟筛红把这个技能做到极致，这项普通的技能就变成了他的核心优势，他也就在这个领域取得了非同一般的成绩。其实，不管是什么行业、哪个领域，只要用心去钻研，去学习，就能在这个领域做到领先的水平，成为这个领域最有权威的人，成为这个领域的成功者。

在现代职场，除了建立专业优势，如果能做到“一专多能”，那将会具有更强的竞争力。比如一位记者，除了基本文稿撰写能力，还要熟悉网络、微信、微博等新媒体的运作方式，了解新媒体的文字语言特点。这样，当他遇到新媒体工作的需求，就能很快上手。

现如今，社会越来越多元化，岗位也趋向综合化，用人单位对一个员工的要求越来越高，“一专多能”的人，更加受欢迎。这就意味着，一个员工不仅要能胜任自己的岗位，还要能够适应多岗位的工作。

当我们能够做到“一专多能”的时候，也就具备了在职场可持续发展的能力。说得土一点，即使将来这个单位不要你了，你到别的单位仍然有核心优势，仍然能做出成绩。青年人在参加工作的前几年，一定要专心致志地、持续不断地建立自己的专业优势，打造可持续发展能力。有了自己的核心技能，就能够“打遍天下无敌手”。

管理好时间

有的人，总是抱怨自己忙，没有时间看书，没有时间陪家人，没有时间见一下老友，整天忙忙碌碌，却不知自己都在忙些什么。生命的长度是有限的，它的宽度却是无限的。这就看我们如何有效地管理时间。

人与人之间智力差别不大，之所以有人能够成功，是因为他充分利用了自己的时间，拓展了时间的宽度。有人说，每天晚上八点到十点在干什么，就决定了若干年后一个人生活质量的好坏。

“时间就像海绵里的水，只要愿挤，总还是有的。”这句话道出了时间的珍贵。现在社会竞争的激烈是不言而喻的，成功不仅取决于上了几年学，还取决于参加工作以后，如何利用业余时间。

还是拿我的经历为例子。当年我们几百人一块当兵，多数人一到晚上都去打牌了。那我在这段时间干什么呢？我看书。我牌技肯定不如他们高，但论看书，他们就看不过我了。天长日久，我们做事的时候，也就产生了差距。

别人做8个小时的事，我做12个小时、做16个小时，那再加上节假日不休息，就有可能一天变两天。我当兵时，都是按15分钟为一个时段来控制的，这个时间干什么，那个时间干什么，排得很紧。后来，我到了企业主要负责人的位置上，事很多，就很难自己左右时间了。所以，像二三十岁的青年人事儿不多，有一定的自主权，一定要管理好自己的时间。

有一个关于成功的定律，叫“一万小时定律”。

作家格拉德威尔在《异类》一书中指出：“人们眼中的天才之所以卓越非凡，并非天资超人一等，而是付出了持续不断的努力。一万小时的锤炼是任何人从平凡变成超凡的必要条件。”他将此称为“一万小时定律”。

格拉德威尔一直致力于心理学实验、社会学研究。在研究的基础上，他发现，要成为某个领域的专家，需要练习一万个小时。如果说，十年时间造就一个成功者，那他需要每周练习二十个小时，平均每天大概三个小时。

三个小时，只是一个平均数。而实际上，那些成功者，每天付出的时间远远超过三个小时。那些站在奥运冠军领奖台上的冠军，多是自幼就开始从事某一项体育技能的学习，每天练习，进行着枯燥乏味的训练。

我曾经看过一个报道，描述“网坛一姐”李娜一天的训练生活。在按照分秒来计算的时间里，李娜要进行一个半个小时的体能训练，三个多小时的网球训练，一个半小时的跑步训练。对于李娜来说，这些训练，常常是数十年如一日。正是李娜对技能反复不断地雕琢，才会成为世界级网球冠军。

我们在职场，不一定要进行一万小时的刻苦训练，不一定需要如体育运动员一样在世界范围内竞技，也不一定要成为世界顶级的专家。可是，在竞争激烈的职场，如果你想要飞得更高一些，那就多拿出一些时间，去磨砺自己的翅膀吧。

最近有个老朋友跟我聊天。他说：“我都‘后备’几年了，老是提不起来，朋友也问，家里也问，压力太大了！早知道如此，当初我使把力向前冲一下就好了。”好多人都会遇到这种情况，当初年轻的时候没感觉，等若干年以后，再想赶上，压力就很大。

假定每个人在同一单位时间创造的价值、取得的财富、收获的智慧相等，那么，用时越多的人，收获越大。如果我们每天晚上坚持学习两小时，几十年下来累积的能力和素质会有极大提高，我们在竞争中就会有很大的优势，相对应的，我们的生活质量、幸福感、成就感，就会和不努力的人不一样。

一定不要耗费时间，去做一些无谓的事。你如果不想后悔，就一定要管理好自己的时间。在单位时间里，做更多的事情，在更多的时间里，创造更多的财富，这是对我们人生负责。

本章后记

人生的结果，既不是由命运决定的，也不是由他人决定的，而是由我们自己决定的。心智模式、勤勉程度和素质能力，是人生结果的三个决定因素。把握好这三个因素，我们就把握住了命运，把握好了人生。

不要总是埋怨命运不公平，抱怨自己运气差。静下心来，认真思考一下自己，有没有一个积极向上的心智模式，有没有一贯勤勉努力的工作态度，有没有一个具有相对优势的素质能力。没有的话，那就努力去修炼自己。

建立健康、优秀的心智模式，变成一个智慧的人；培养勤勉的态度和行动，变成一个勤勉的人；升级能力素质，变成一个有用的人。如果我们成为智慧的人、勤勉的人、有用的人了，那我们的人生就会无限精彩。

第三章　职场从做人开始

有人说，职场是一个复杂的漩涡，进入职场，就要学会八面玲珑、见风使舵，才能在职场待下去。有人说，职场是一场权力的游戏，要有关系，有背景，才能笑傲职场。有人说，职场是人与人之间明争暗斗的地方，充满阴谋和陷阱，要学会心计，学会戴上面具生存，才能左右逢源。我要说的是，面对复杂的职场，不用恐慌，不用逃避，在千变万化的职场，我们只需做好自己。

做好自己

职场难，难在做人。

做一个勤快的人，可能会有人说你不安分；做一个老实人，可能有人会觉得你没能力；做一个热心人，说不定有人会说你是假装好人；做一个正直的人，你可能不知不觉就把别人得罪了；做一个明哲保身的人，就有可能会被排挤……身在职场，不少人感叹：做人好难呀！

在职场，做人确实不容易。但是，不管多难，都要学会处理职场的人际关系。人际关系处理得好坏，直接关系着个人的发展和成长。

商界的风云人物李嘉诚，一个只读完初中，没有任何身家背景的穷小子，从卑微的茶馆跑堂、四处奔波的推销员做起，白手起家创业，把一个只有几个人、一台机器的破旧小厂，发展到今日涉足地产、电信、基础设施服务、港口、商业零售、地产等领域的商业帝国，创造了一个商业神话。

李嘉诚的奋斗历程，似乎充满了传奇。有的人说他的成功，是勤奋刻苦，踏实奋斗的结果；有的人说他的成功，是因为他慧眼独具，拥有超人的商业眼光。这些，当然是李嘉诚成功之路上离不开的因素。可是他认为自己成功的首要因素是“做人”。

李嘉诚在《李嘉诚：我一生的理念》一书中说：“要想在商业上取得成功，首先要懂得做人的道理，因为世情才是大学问。世界上每个人都精明，要令人家信服并喜欢和我们交往，那才是最重要的。”

学会和客户打交道，我们的工作才能顺利推进；学会和同事相处，和大家开心地合作，我们的职场就少了许多烦恼；学会和上级领导相处，得到领导的欣赏和信任，我们的努力才能得到认可。一句话，学会做人，善于做人，才能在职场顺利前行。

现实中，有不少人，因为做人的缺陷，给自己的职场无形中设置了许多的障碍。

有的人奉行唯我独尊的信条，做事只考虑自己的喜怒哀乐，不在乎他人的感受。这种做人的态度，可能自我感觉良好。这种人，纵然别人对他敬而远之，不敢轻易招惹他，但没有人会把他当作真正的朋友。当他遇到困难的时候，说不定，其他人心里只会拍手称快，幸灾乐祸，更别说出手相助了。

有的人过于关注别人的看法和评价，每说一句话，做一件事，总要小心翼翼地考虑，自己是不是有什么做得不对的地方，是不是会引起别人的不满意。对于别人的要求，不管是否合理，都不敢拒绝。或者不管自己是否能做到，总是一口答应。这样做人的后果，一方面会让他失去原则，失去别人对他的尊重；另一方面，当他有一次做不到，有一次让别人失望的时候，便会招致不满。

在职场，做人就是处理好自己与自己，自己与他人之间的关系。

处理好自己与自己的关系，就是找到自信，得意时不骄傲自满，失意时不自怨自艾，在纷繁的世事中保持一份超然和冷静。处理好自己和他人之间的关系，就是赢得他人的信任和尊重，赢得同事和领导的认可和推崇。

学会做人，要从做好自己开始。

做好自己，不需要太在意别人的指点评判，不需要太在意当下的一点委屈得失。修养好个人的品性，便足够了。一个人的品性，经过一段时间，总是会逐渐被大家认识、认可，当我们被大家接受时，也就真正做好了自己。

在我看来，如果我们正确认识下面几个方面，我们也就学会了做人，也就做好了自己。

义和利，该怎么看？

义，行事为人的道德准则。在古人眼里，孝顺父母，友爱朋友，诚实正直，尊重他人，善良温厚，这些都是义，是做人做事的标准。

利，物质财富，每个人都离不开利来生存。物质利益多了，我们可以吃得更好，穿得更好，住得更好，享受到更多的快乐。可以说，没有一个人会嫌弃物质财富太多。

义约束人的行为，利满足人的享乐。获取物质财富的时候，可以遵守义，也可以不遵守义。有的时候，不遵守义有可能会更快、更多地赚取钱财。于是，二者便常常发生矛盾。当物质财富的获取，违反做人的准则时，我们该怎么来看义和利的关系呢？

对于这个问题，古人很明确地认为，义大于利。据《论语》记载，孔子说："君子喻于义，小人喻于利"，"不义而富且贵，于我如浮云"。在孔子眼里，作为一个君子，要去追求道德修养，而不是去追求物质利益。如果不是用道德的手段得来的富贵，都是浮云。

这些观点放到现在，或许让不少人嗤之以鼻，甚至会认为太过迂腐。

当今社会是市场经济，物质发展被提到很高的地位，国家、社会都在鼓励每一个人创业、发展，以生产和赚取最大的物质利益。在有些人眼里，有市场，便有竞争，有竞争，便需要采取各种各样的手段，才能赢得胜利。市场是无情的，竞争也是无情的，只有强者才能赢得竞争的胜利。在这个过程中，有人如果只是去讲"仁义道德"，早就被市场淘汰了，哪来的成功？哪来的发展？

有的人不讲诚信，而是想出奇招、怪招去欺骗别人，以快速获得金钱财富。我曾看到一则新闻报道，有一个人借了别人的钱，用一种特殊的墨水写欠条，等到欠条到别人手里，过上一段时间，笔迹便自动消失，只剩下一白纸，让债主手足无措。

有的人不顾法律法规，去猎杀珍禽野兽。那些受到国家保护的野生动物，本来已是稀少物种，可为了高价卖给少数吃野味的客人，总有人想尽一切办法去偷盗猎杀。

有的人只顾眼前利益，涸泽而渔，焚林而猎，破坏自然的持续发展。有的渔民便用一种叫“绝户网”的鱼网捕鱼，只为捞到更多的鱼，而这种网撒下去，连小鱼苗都无法逃生。

在当今社会，似乎获取物质财富就可以高于一切，而做人做得怎么样，只要不影响挣到钱，就可以不用考虑。真的可以这样吗？不讲诚信的后果，是人与人之间的信任渐渐丧失；涸泽而渔的后果，是在乡村小河里，曾经随处可见的野生鱼类，已经越来越少；猎杀珍禽野兽的后果，是生物灭绝的速度加快。

自然是一个环环相扣的生物链，当越来越多的小环从链条上脱落消失，这个生物链，会不会有断掉的一天？到那时，我们全体社会成员，都会为那些短视的利，付出巨大的代价。

或许，我们应该重新拾起那些曾经被视为“迂腐言论”的观点，把它放到今天的社会里。对于个人来讲，金钱财富可多可少，但是，一旦

破坏了人与人之间的信任，破坏了整个社会的诚信，破坏了自然的循环发展，我们损失的是多少金钱也难以买回的财富。

义和利，紧密不可分。纵然当今社会是市场经济，崇尚物质发展，我们也要将利和义放到同等重要的位置，用义来约束获利的行为，用利来促进义的推行。这样，整个社会才能走上良性发展的轨道。

在西方文明中，也有一则故事讲述义和利的关系。

有人和上帝讨论天堂和地狱的问题。上帝带他来到地狱。地狱里，一群人围着一锅肉汤，手里拿着一只比他们手臂还长的汤勺。他们无法把汤勺送到自己嘴边，都饿得瘦骨嶙峋，只能望汤兴叹。然后，上帝又带这个人来到天堂。天堂里，同样是一锅肉汤，一样长的汤勺，可是，大家都在拿着汤勺互相去喂对方。这样，每个人都喝到了肉汤，过得幸福快乐。

地狱里，人人只为自己的利益而活；而天堂里，人人都为别人的利益而活。人人都为自己的地方，结果是每个人都在遭受饥饿；而人人都为别人的地方，则人人都在享受美食。

这个故事直观地告诉我们，义和利应该怎么取舍。

社会上有不少智者，在处世为人中，从不忘做人的准则，用道德准则约束自己。“君子爱财，取之有道。”有不少企业家在积累一定财富之后，将慈善事业放到首位，用金钱去帮助更多的人。而这些遵守道德准则发展的人，常常也正是那些发展良好、取得巨大成功的人。

那些只盯着金钱，只看见眼前利益的人，当被他人识破真相，只能是遭到抛弃，不可能获得大的成功。而那些讲究做人道德的人，在商业竞争中，会逐渐赢得越来越多人的信任，获得越来越多的财富。从某个角度来看，遵循做人准则、社会道德来为人处世，会获得更多、更长远的利益。

从自然、社会、经商的角度，我们要义利并重。而在职场的升职、涨薪以及个人发展等方面，绝不能忽视义的存在。

有一些人，为了获取更好的职位，更好的发展机会，不惜排挤同事。有的人工作没做好，总是去找别人的问题：是领导不重视，朋友不关心，同级不支持，下级不努力。一句话，都是外在环境不好。还有的人，一有错误，马上推脱，一有好处，马上往自己身上揽。这些人短期内可能会获得自己想要的利益，但从长远来看，他将失去更多。

按照义的标准来做事，我们才能够赢得他人的信任和尊重，别人才能放心地与我们来往；按照义的标准来做事，我们才能赢得他人的支持，团结一心，共同为了一份事业而奋斗，赢得更大的成功；当所有人都按照义的准则来行事，整个社会才能良性发展，每一个人也将从中受益。

人生是一场击鼓传花

善，是一个人心里最美好的情感。

我幼年时，村里常有从外地逃荒来的乞丐，拎着大布口袋，挨家挨户讨点吃的。那时，农村都很穷。吃饭，是家家户户的一件大事。一家人能吃饱饭，已经很不容易。可是，村里却有个不成文的规矩——不能让乞丐空手而归。只要有乞丐上门，有的人会给几块红薯，有的人会捧出一捧麦子。乞丐到我们家，母亲会拿出半个还冒着热气的馒头。

我当时很不理解，就问母亲："我们家都吃不饱，为什么还要给乞丐东西呢？"母亲告诉我："我们不能把他们当作乞丐！他们只是眼下遭了难。谁没有遇到困难的时候呢？帮别人一把，也是在为咱们家积德呢！"

没有目的，没有功利。对于母亲来说，帮助别人仅仅是应该，即使有一些期许，也只是那个看不到摸不着的"积德"。这是农村人对善良最简单的理解，也自有最深奥的道理。我也听母亲说过，她小时候，家里遭遇大旱，是她的爷爷背着她到异乡讨饭，才活了下来。

人生，就是一场击鼓传花，我们传出去的，最后可能又传回到我们的手中。善良，往往会给我们带来意想不到的回馈。

我曾看到过一篇关于大富豪洛克菲勒的故事。洛克菲勒在43岁时创建了庞大的美孚石油公司，可是，他却不喜与人交往，很少快乐。加上经营公司所带来的巨大压力，他在50多岁的时候，身体就出现了很大健康问题，几乎危及生命。

后来，洛克菲勒转变观念，开始捐出钱财，大力去做慈善。他捐出巨资，投入教育、医疗，建成闻名世界的芝加哥大学，还成立了洛克菲勒基金会，致力于消灭疾病、灾难，支持科研。洛克菲勒这一巨大的转变，让他重新获得了生命的活力，一直活到98岁高龄，而他的家族事业也蒸蒸日上。

善良，是一个人最好的品质。我常想：善良，应该是人的本性，因为当我们做出一个善举，带来的那种轻松和满足，是没有什么可以替代的。

世界各国富豪们，在捐赠财产用于慈善事业这件事上，都是无比的慷慨。据报道，截至2014年，福布斯数据显示，比尔和梅林达·盖茨基金会共捐出300亿美元。盖茨夫妇表示，未来会把大部分个人财产赠给该基金会。富豪巴菲特仅在2014年一年，就向慈善事业捐献了28亿美元，他的总捐款数额已高达227亿美元。

我们普通人没有那么多的财产捐赠给别人，但是，富豪们这种“兼济天下”的思想境界却值得我们学习。“勿以恶小而为之，勿以善小而不为。”把帮助别人当成一种乐趣，把为他人排忧解难当作自己的义务，做一个有益于社会，有益于他人的人。

在职场，做一个善良的人，看到别人有难处，就伸手去拉一把；遇到工作中的问题，不过于苛责，给他人的尊严留点余地；当发现工作中的漏洞，给他人一个善意的提醒，就可能帮助别人避免一次失误。一个善良的人，是善于替他人着想的人，是一个宽容大度的人，也是一个常常心中充满快乐和满足的人。

赠人玫瑰，手有余香。没有一个人是一帆风顺的，都会遇到这样那样的困难。当看到别人处在困境时，要用一颗善良的心，力所能及地帮助别人。别人对我们的那份感激，是比物质更珍贵的东西。善待别人，其实也就是在善待自己。

信用是一生的财富

信，是信义，是诚实、信用和信任。在职场，诚实守信，是一个人重要的品质。是否诚实守信，不仅影响着个人和其他人的关系，更影响着一个人的前途和发展，甚至影响着一个企业的成败。

我身边有个真实的故事。一个企业的部门经理，也算是企业中层了。在开会时，他把那些原本给来宾准备的礼物，看中的就留下一些分给自己的家人，而那些远道而来不知情的嘉宾，就不给了。

当企业选聘副总经理的时候，他是最热门的人选。可是，总经理在和曾经参会的嘉宾聊天时，突然聊起某件礼物，嘉宾随口说：“我没有啊！”这引起了总经理的怀疑。于是他挨个问了一遍，竟然发现这个部门经理曾经做过不诚信的事情。总经理很生气，立即撤销了他参加竞聘的资格。因为不诚信，这个部门经理失去升职机会。

在单位里，一个员工如果不讲诚信，可能短时间能够瞒过别人，但是，一旦被人发现，他的职场之路可能也就戛然而止。因为，一个人的信用就是从一件件小事中体现出来的，一次不讲信用，就能让别人失去对你的信任。

在诚信体系尚不健全的当今社会，信用是最值钱的东西。

在中建五局，我们把“信用”两个字提到了企业文化的高度。2002年12月，我出任中建五局的局长。当时，在中建五局，笼罩着悲观失望的情绪。2001年国家审计署的审计报告指出，该企业（指中建五局）资金极度紧缺，已资不抵债，举步维艰；由于长期欠付工资和医疗费，职工生活困难，迫于无奈，部分职工自谋生路，有的只好养鸡、养猪，甚至到附近菜场捡菜叶为生。

经过调查研究，我们把中建五局的问题归结为“三失”：信心丢失、信用缺失、人和丧失。市场经济是法制经济，是信用经济。在市场竞争中的企业，一旦缺失了信用，就难以找到立足之地。中建五局之所以一度陷入困境，除了不能适应从计划经济到市场经济的转变，还有一个重要原因，就在于信用缺失——对内、对外经常不能兑现承诺，导致市场越做越小。

我和局领导班子一起，从解决信用危机入手，更新经营理念、培育信用文化。

培养信用文化，不是说说那么简单，是要付出成本的。2004年，中建五局承接东莞商业中心H5项目。不久，钢材价格大幅上涨，东莞市绝大部分项目不堪压力纷纷停工。H5项目如果也停工，将给业主带来巨大损失。

我们研究决定，信守合同工期是我们的本分，风险再大也决不停工。一时间，中建五局的表现在东莞市场传为美谈。后来业主不仅根据实际调整了造价，还追加了价值10亿元的后续项目。中建五局敢于支付信用成本，并以这种一以贯之的诚信，不断赢得市场。

后来，中建五局将企业文化概括为“信心、信用、人和”六个字，核心价值观确定为“以信为本、以和为贵”，“信·和”主流文化自此成为五局的企业文化。信用，成为五局的立业之本。“信”、“和”两个字，让五局不断赢得业主的信任，进入快速发展的良性循环通道。

十年时间里，中建五局合同额从20多亿元增至1000多亿元，营业额从20多亿元增至600多亿元，实现利润总额从−1500多万元增至20多亿元，走出了一条从困境到新生的蜕变之路，演绎了一段持续发展、快速发展、加速发展、科学发展的业界佳话。

做企业要讲信用，做人更要讲信用。

讲信用，就要牢记自己的承诺，答应别人的事情，一定要做到，否则，就不要轻易答应别人；讲信用，就要做一个真实的人，言行一致，表里如一，远离虚伪、狡诈；讲信用，就要做一个坦荡的人，做事经得起考察，为人经得起推敲。

讲信用是要付出成本的，讲信用也是有收获的。在一个扁平化、信息化的世界里，如果我们人生有些污点出现在网络上，很多年都消不掉。哪怕只有一次信用卡不良还款记录，银行都要给我们记入诚信档案，影响到我们的生活。一名职场新人，在踏入职场之初，就要去践行“信用”两个字。这将成为一生受用不尽的宝贵财富。

认真，是对自己负责

真，是真实、真诚，是认真、率真，是认真对待每一件事，真诚对待每一个人。不管什么工作，只要我们认真去做了，就会有所收获。

我在大学里进行演讲的时候，学生问我最信仰的人生格言是什么，我说是认真。这么多年来，正是认真的态度帮助了我。

我高中毕业返乡劳动。当时农村有文化的年轻人很少。高中文化程度为我赢得了生产队团支部书记的头衔。村子里还指定我负责生产队的磨面机，具体做本生产队面粉的加工工作。那时候，农村使用的磨面机器是比较原始粗糙的方斗筛摇磨面机，加工粮食的时候，经常会从方斗筛里掉下一些未进入筛子磨的粮食，麦子、玉米、豆子等颗粒常常洒得满地都是，每天收集起来量也不少。

我干活细心，在负责磨面机期间，把从筛斗里掉下来的杂粮颗粒及粉末残渣，都认真地收拢起来，积到足够的量之后，再分给社员（村民），社员为此很感激我。当时农村实在太穷了，家家户户对每一粒粮食都看得很重，更何况这种拿来加工的上等好粮？

由于受到社员的广泛认可，村领导又把我调整到更重要的岗位——大队副业厂当会计。村办副业厂主要是走街串巷，从农户家里收购旧烟叶，然后加工了再卖，以这样的形式给集体赚点钱。副业厂有三名负责人，厂长是本村一名复转军人，还有一个管钱的出纳。我任会计期间，副业厂除将赚得的钱给大队上交外,每年还给社员分钱。至今，村子里的老人有时见到我还说起这个事。

工作认真负责，让我受益颇多，特别是为我有机会参军入伍，走上改变命运的道路打下了基础。

一个人要想做成一些事，一定要养成凡事认真的习惯。站岗，一定要是站得最直的一个；扫地，一定要是扫得最干净的一个；擦玻璃，一定要是擦得最亮的一个。要尽己所能认真地做事，从小事做起，步步为营，稳打稳扎。用现在流行的词来说，就是职业化程度比较高。

做事认真，是对自己负责。

站岗站得最直，可能当时没有人看到，但如果形成了挺拔的身姿，

不论走到哪里，总让人眼前一亮。擦玻璃擦得最亮，可能不会给我们带来什么回报，但是当我们和他人竞争某一个发展机会的时候，我们做事认真的态度，一定会为我们加上关键的一分。

多年做企业的历程中，我深刻体会到认真做事的重要性。

近几年来，很多业主都是主动找到中建五局，说我们的项目做得不错，可以再给我们一个项目。第一个项目我们没赚钱，就再给我们一个赚钱的。随着市场经济逐渐成熟，这种业主会越来越多。

职场发展，是一个逐渐积累的过程；做事业，也是一个逐渐积累的过程。我们做的每一件事，都在为我们以后的更大的事业做准备。每一件事情，都会成为别人认识我们，评价我们的标准。认真做好一件件小事，我们的能力和工作态度便被他人看在眼里，记在心里，成为我们赢得更大机遇的基础。

多一点感恩

“……感恩的心，感谢有你，伴我一生让我有勇气做我自己；感恩的心，感谢命运，花开花落我一样会珍惜……”每当听到《感恩的心》这首熟悉的歌，都会让我深深感动。

人活这一世，从生下来那天起，就在不断地受到他人的恩惠和帮助。蹒跚学步时，母亲耐心地搀扶着你；课堂上，老师手把手为你解答一道道难题；遇到挫折哭泣的时候，朋友轻声安慰，帮你渡过难关。童年、少年、青年，一路走来，我们的亲人、师长、同学、朋友、同事，那些在我们遇到困难时帮助我们的人，都是我们生命中的贵人。对于他们，我们只有感恩。懂得感恩，是人的一个重要美德。

我曾在报纸上看到过一个感人的故事。河南夏邑县的一个村民伊庆民，自幼父亲亡故，家境贫困。在一个风雨交加的晚上，一位农妇送给他一个玉米棒子，这让他铭记在心。后来经过奋斗打拼，伊庆民成为一个小有成就的企业家。他找到当年送他玉米的老人，在县城买了一套房送给他。

我想，伊庆民对当年的一个玉米棒子都念念不忘，知恩图报，那在生意场上，还有谁不愿意和他合作呢？他的事业一定会越来越好。

我去过玉龙雪山，玉龙雪山下有一副对联——“雪峰下学会敬畏，商海里懂得感恩。”这副对联给人很多启迪，成功得益于大家的帮助，被人感谢总是一件快乐的事。我们给别人的快乐越多，反过来别人给我们的快乐就越多。

我们懂得感谢，别人就会更乐意帮助我们，我们成功的机会就更多。做一个懂得感恩的人，对生命中拥有的一切心怀感激，学会知足，不再抱怨，我们的内心便会充满快乐和温暖，我们就会收获更多的幸福。

建一个有益的“朋友圈”

人们常说：“在家靠父母，出门靠朋友。”可见，朋友是多么重要。

当今社会，通讯工具发达，手机、QQ、微信，一些陌生的人聊得兴起，便会成为朋友。微信朋友圈的出现，更是让我们交友变得简捷。一帮人，经由一个人建立微信群，大家有了共同话题，聊来聊去，也就成了朋友。

交友的便捷，让我们有了许多不同类别的朋友：有因精神空虚，需要打发时间而结交的朋友；有因共同兴趣爱好，比如旅游、读书、公益、文学等，而结交到一起的朋友。

这些朋友，有的可以在一起大吃大喝，有的可以一起逛街、唱歌、购物，有的可以一起读书谈文，陶冶情操，还有的志同道合，可以一起谋划未来之路。

可是，随着朋友的增多，我们留给自己和家人的时间越来越少。一些人一天到晚手机不离手，不停地打字聊天，对周围的人却不管不问。有的家庭会因为这种情况而发生争吵，甚至闹得分崩离析。究其原因，是因为这些人没有选择好自己的朋友，没有分配好自己的时间。

每个人的时间和精力都是有限的，结交朋友的数量也是有限的。

牛津大学研究认知与进化的人类学家罗宾·邓巴的研究显示，人的大脑新皮质大小有限，提供的认知能力只能使一个人维持与大约150人的稳定人际关系。

人的时间和精力是有限的，所以我们要有选择地结交朋友。

曾子曰："君子以文会友，以友辅仁。"交朋友就要交那些高雅的、能够传递正能量的朋友。我们需要对自己的"朋友圈"进行清理，找出那些有益的朋友，然后，把自己的时间和精力分配给那些有益的人，而不是与大量的人聊一些无聊的话题，无端地消耗我们的时间，却对我们的成长毫无益处。

有益的朋友，可以是经历丰富、信任支持我们的长辈。他们作为过来人，有着丰富的社会生活经验，能够给予我们相应的指导和启发。当我们在职场中迷茫的时候，他们会指引我们找到正确的路。

有益的朋友，可以是有着共同兴趣爱好的同龄人。他们执着于读书、音乐、绘画、艺术等精神方面的探索，在工作之余，和他们一起学习进步，共同促进心灵的成长。

有益的朋友，可以是职场中志同道合的同事。大家有着共同的理想，共同的信念，可以共同谋划创业发展，可以互相提醒指点，在职业的道路上共同进步。

结交有益的朋友，需要考察对方的品性。一个品性优良的朋友，会带动着我们不断完善自己。

孔子曰："益者三友，损者三友。友直，友谅，友多闻，益矣。友便辟，友善柔，友便佞，损矣。”意思就是说，直率的，心胸广阔、能够体谅别人的，见多识广的，都是有益的朋友；性格古怪的，使坏、搞阴谋诡计的小人与佞臣，这些人不要交。

一个真正的朋友，在我们失意时，给我们安慰和鼓励；在我们陷入困境时，给我们无私的帮助和支持；在我们骄傲自满时，给我们提醒和警示。真正的朋友，是我们没有血缘关系的亲人，是在人生旅程中陪伴我们的那些人。

本章后记

做事，从做人开始。学会做人，是立足职场的根本。学会做人，就是做好自己。在职场，做人看起来似乎很难，其实，只要做好自己，便也就没那么难。做好自己，就要学会在义和利之间取舍，在金钱利益面前，不要忘记做人的准则；做好自己，我们要做一个诚实守信的人，一个认真的人，一个善良的人，常存感恩之心，学会知足，不再抱怨；做好自己，还要管理好自己的朋友圈，在有限的精力和时间里，结交对自己有益的朋友，在朋友的带动下，不断完善自己，发展自己。

我想，人一生能做到上面这些方面，那也就做好了自己。一个致力于做好自己的人，即使犯点错误，也会及时改进、完善自我。在漫长的职场中，只要做好自己，相信我们也将会不断得到身边人的信任和尊敬，不断得到更多人的支持和帮助，不断实现人生目标。

第四章　职场的生存“法则”

职场，是一个社会的缩影。在这里，有行事光明磊落的人，也有处事阴暗卑鄙的人；有热心助人的人，也有自私自利的人；有一心为公、诚恳踏实的人，也有偷奸取巧、投机耍滑的人……在职场中，大家追逐着大大小小的功名利禄，演绎出形形色色的喜怒哀乐。从理想而单纯的校园，进入利益交织的现实社会，不难发现，职场并不存在绝对的公平、公正。面对职场小环境中的不如意，我们首先要学会的，是如何生存下去。

适应工作小环境

张伟业务能力很强，各种工作任务都能出色地完成，工作两年后，就已经成为部门的中坚力量。可是，张伟工作不管怎么出色，都是主管的成绩，永远没有向上一级领导汇报工作的机会，而主管似乎也没有把这个新人介绍给上级领导的打算。张伟内心的委屈越来越大，怎么样才能获得发展的机会呢？

人们常说："有人的地方就有江湖。"在一些职场小环境中，的确会存在各种各样的问题。有人，就会有私心，就会有偏好，就会有主观色彩。我的观点是，遇到小环境中的不公平，一定要正视这些问题，及早解决，不能只是抱怨，更不能选择逃避。抱怨和逃避，是一个人工作能力不够的表现。

小环境的这种不公平，可以分为两种情况。

一种是和个人有关系。比如，你的工作方式和上级领导有冲突，导致上级领导对你不认可。有的领导喜欢语言表达能力好的人，而你是一个只会埋头工作的人，那就可能会在和别人竞争的时候吃点亏；有的领导喜欢下属多请示多汇报，而你是一个独立性很强、善于独自完成任务的人，那就可能让领导不高兴。即使你把事情做成了，可能也不会得到应有的肯定和表扬。

这种情况下，你就要分析原因，从自己身上找问题，适当调整自己，弥补你在领导眼中工作方式上的不足。

有人说，我就是一个踏踏实实工作的人，从来不会溜须拍马。让我做那样的事，我才不干呢！实际上，调整自己的工作方式，并不是所谓的溜须拍马。

在实际工作中，每一个人都有自己的工作方式。领导每天面对大量的工作任务，面对各种压力和烦恼。或许，你的工作方式恰巧让他感到是对工作不利的地方，并不是有意针对一个人。

职场，是一个处处都需要合作的地方。下属和领导之间，同样是一种合作关系。

那些你认为对自己不公平的地方，可能确实影响合作顺利进行。及时查找问题，分析原因，如果和工作方式有关系，就找机会和领导进行沟通，然后调整自己。这样，不但消除了你眼中的不公平，顺利推进工作，而且让你从中得到成长。

职场小环境中的不公平，还有一种情况是，领导身上确实存在显著的不公平。这个时候，我的建议是要有自我，该反映情况就反映情况，该提建议就提建议。

在很多单位里，都会设立相应的制度和方法，设置下情上达的渠道，来维护整个职场环境的公平、公正。如果真的遭遇显著的不公正，就要学会利用这些渠道来表达自己的意见，维护自己的权益。

以我在中建五局工作期间的情况为例，总体上，五局多年来讲“信 · 和”文化，基本上形成了公开、公平、公正的制度环境和健康、和谐、向上的人际环境。但是，具体到每个下属单位，情况就会有些不一样，“信 · 和”文化的践行在基层一些地方还做得不够好。比如说，凭远近亲疏来用人，这在部分单位也是存在的。

作为个人如何改变这个现实呢？从组织层面来说，局里建立了申诉机制、上诉机制。特别是设立了董事长信箱，如果有人感觉自己所处的小环境确实不行，就通过这一渠道反映问题。

大家要学会利用单位里用来表达意见的工具，该提的意见要提，该表达的不满要表达。我们不说，领导怎么知道呢？说了，上级领导不一定会去处置，但是，如果不说，就永远没有解决的机会。不要感觉像在告状，这只是为了帮助组织更好地优化环境。

遇到职场小环境中的不公正，如果处理不好，只会激化矛盾，进而影响到我们在职场的发展，成为职场道路的障碍。其实，更多时候，成长的环境很多时候是一种心态的问题。

我们说别人好，别人就会说我们好；我们说别人不好，别人就会说我们不好。这样，环境就越来越差，最终陷入恶性循环。不管什么时候，“静坐常思己过，闲谈莫论人非”，从我们自己做起，身边的小环境就会不断得到改善。

我们在职场奋斗，就如求取真经的唐僧师徒，需历经“九九八十一难”。当遇到小环境中的不公平时，要学会妥善处理，这同样是我们成长过程中所必须经历的。一个单位的小环境中问题所在的地方，也正是我们成长进步的机会所在。

在职场，不是你只要埋头苦干，把工作做好就可以了，除了学会适应工作中的小环境，还要学会与各种类型的人相处，学会合作，学会服从，能够拿出业绩证明自己，才能在职场顺利发展。

遭遇“魔鬼”上司

赵明已经进入单位工作三年了，可他一直不开心，因为自己的上司是一个脾气极其暴躁的人。无论赵明怎么努力，都会招来他的批评。比如，自己辛辛苦苦地写了一篇工作计划，上司拿过去看一遍，挑出里面几个错误的标点符号，责问他：“你一个大学毕业生，怎么连这么简单的标点符号都能写错？”

赵明心里有委屈，有愤怒，有不服。为什么自己绞尽脑汁，熬了一个晚上写的工作计划，上司不仅对内容的好坏不做表示，偏偏还在这几个标点符号上和自己过不去？类似这样的事情还有不少，久而久之，赵明想到了辞职。

遇到这种对人苛刻，甚至脾气有些怪异的上司，在我看来，正是个人成长的机会。

有一位朋友，给我讲过他的经历。他在刚参加工作时，遇到过一位古板、严厉的领导。这位领导凡事都严格要求，每次写文件报告，他总是对行间距、字号等严格要求。只要是有一个地方做得不好，他就当着众人的面大声批评。这位朋友很讨厌这个领导，于是想办法找机会换到了另外一个部门。

到了新的部门，这位朋友经常被领导表扬的就是文字版面。领导总是夸他文件做得格式标准，页面规整，还让全办公室的人向他学习。事实上，这个排版整齐的习惯，让他受益匪浅。如今，他从内心里感激那个“刻板”的上司。

一个性格古怪的上司，他的古怪源于工作中对员工苛刻的要求。这个上司喜欢挑出的你的缺点，可能恰巧是他的优点。他鸡蛋里挑骨头，只是想证明他更高明。这个时候，不要懊恼，也不要排斥，努力向他的要求看齐就行了。如果把单位里性格最为古怪的人都搞定了，你的业务能力和处世能力也就提高了。

在职场，还有一种不好相处的领导，就是水平一般的领导。

这种领导，学历、知识水平不高，可能是由于某种机缘，被选到领导岗位。然而，后来进入的年轻人，即使是正规大学本科、研究生毕业，水平比他高，却也不得不接受他的领导。这种领导，内心大多有点不自信，但是又想要大家听从他的指挥，于是，就开始想办法，用手段让别人听从他。

小张大学毕业后，进入一家媒体，恰好遇到一位这种类型领导。小张刚走出校园，没有处理职场人际关系的经验。遇到主编修改他的稿子，他总是很认真地和主编讨论，讲出自己的想法。后来他发现，那个主编越来越不喜欢他，对他的稿子还总是推迟审核签字，这让小张很不高兴。结果关系越来越僵。

和这样的领导相处，首先要学会尊重他，让他有一种被尊重、被重视的感觉。其次，还要想他所想，找到彼此共同努力的目标。要知道，大家都是同一个单位的员工，都是为了工作，他也想把工作做好。当找到一个共同目标的时候，很多事情就很自然地解决了。

如果你能替领导着想，为领导出谋划策，还能让领导接受你的建议，那不是有了更大的成绩？

众所周知，今日的超级富豪李嘉诚，少年时家境极度贫困，16岁就进入茶馆当跑堂，每天要连续12个小时不落座，为客人端茶送水。茶楼里，每天来往的人形形色色，每人都有不一样的要求，每人都有不一样的性格，稍微不慎就会惹得客人不高兴。

虽然只是一个“小跑堂”，可李嘉诚在端茶送水中学会了察言观色。见到一个客人，他便能大致猜出这个人的职业、性格、习惯。在这个茶馆里，他学会了与不同类型的人相处。这为他日后纵横商场打下了基础，成为他终生受益的本领。

学会和傲慢无礼、唯我独尊的人打交道，我们就学会了忍耐和谦卑；学会和喜欢搬弄是非的人相处，我们就学会了宽容和大度；学会和沉默寡言的人相处，我们就学会观察和思考；学会了和严苛的人相处，我们就多了一分冷静和自制。

在职场的路上，我们不可能一直都遇到尊重我们、关心我们、照顾我们的同事和领导。及早遇到不同类型的人，反而会帮助我们更快地成长、成熟。我们要感谢这些“魔鬼上司”的出现，他们如一面镜子，照出我们身上的弱点，为我们尽早完善自己，获得更大的发展打下基础。

服从还是离开？

在美国西点军校，学员应对长官的永远是四句话：“报告长官，是”；“报告长官，不是”；“报告长官，不知道”；“报告长官，没有任何借口”。除此以外，不能多说一个字。因为军官要的只是结果，而不是辩解。

服从，是进入西点军校的学生必须学会的课程。

西点军校里，有许多严苛的规定，比如，水池必须保持干净，当众大声背诵行事历（当天几点做什么），绝不能迟到一分钟等。等级分明的军队体制，严格的纪律，强硬的管理制度，一切都在要求学生学会服从。

服从，看起来简单，做起来却很难。

每个人都有自尊心，服从别人，则要放弃自我，压制自我。服从命令，是军人的天职。在军校，学员学会服从并不让人惊讶。可是，西点军校毕业的人员，却大量成为政界、商界奇才。这个学校甚至被誉为美国顶级的商学院。

军火大王亨利·杜邦、宝洁CEO麦克唐纳德、可口可乐总裁罗伯特·伍德鲁夫等商界风云人物都来自西点军校。在全球，有超过1000名的世界500强企业的董事长，2000多名副董事长都毕业于西点军校，而总裁和副总裁更是高达5000多名。

不管是在哪个行业，服从组织，都是一项重要的素质。在职场中，一样要学会服从别人。在企业的运营发展中，员工只有学会服从，才能高效地执行企业既定的发展计划。只有大家共同执行企业的发展方略，这个企业才能朝着目标不断前进，在激烈的市场竞争中发展壮大。

在职场中，并不是每一个领导都是智慧和能力的化身。有的领导虽然身在管理岗位，但能力有限，或许连自己也弄不清楚到底组织该往哪个方向发展；有的领导处事不公平，把下属的创意拿过来据为己有；也有的领导判断错误，制定出错误的方针政策。作为下属，对此是不是也一样要服从呢？

对于这种情况，我的看法是：依然服从。

如果你看出来领导的策略存在问题，可以选择在策略正式执行之前，认真地和领导沟通，讲出自己的想法，相信没有领导会不欢迎这样的沟通。如果经过沟通，领导依然坚持之前的看法，你的选择，只有两种：要么服从，要么离开。

对于一个组织来说，一旦确定目标，需要的只有下属的服从。

如果一个人不甘心服从，就会心存不满，不去认真执行工作要求，甚至敷衍、抱怨。这样的人，只会危害到组织的健康发展。只有心甘情愿地服从，你才能视组织任务为己任，全力以赴去做。

当然，随着工作的推进，从反馈的结果中会逐渐暴露出问题，相信上司自然就会调整自己的策略。毕竟，他也要服从于更高的上司，服从于市场的竞争。没有一个组织会长期偏离正常的航向，否则，只会导致整个组织的消亡。

学会服从，就要做到坚持不懈，不达目的不罢休。

电视剧《士兵突击》中，许三多憨厚笨拙，却坚决服从领导的命令，班长老马不论说什么，他都当成命令去执行。在执行中，不管遇到什么样的困难，许三多都坚持不懈，直至完成。在一些人眼里，许三多又傻又笨。可是，就是凭着无条件的服从和坚持，他最终成长为一名出色的侦察兵。

学会服从，不是生搬硬套，而是要灵活、创新，用智慧去实现目标。

在西点军校，学生们除了服从长官的命令，还必须学习经典的领导理论，深入分析摩根 · 麦克考和彼得 · 圣吉这样一流思想家的观点和看法。在教学中，西点军校会人为给学生制造麻烦，比如按照计划转移时，教官会突然取消接应的卡车，让学生自己寻找出路和办法。通过这些应急事件，学生们在严格服从命令的基础上，还懂得了创新思维和灵活变动。

面对随时变化的市场，管理者制定出相应的发展战略。而组织的其他成员在服从战略目标、完成任务的过程中，在各种各样的突发状况面前，需要不断创新，找到解决问题的办法。

服从，是一种美德，一种素养，一种智慧，也是一个成功的职场中人必备的能力。当我们初入职场，就先学会服从吧。把服从当成一种习惯，一种工作态度，我们会逐渐找到通向成功的道路。

你学会合作了吗?

一滴水落在地上，瞬间干涸，不见踪影。可是，无数滴水汇成汪洋大海，能够掀起滔天巨浪，拥有无坚不摧的力量。这，就是合作的力量。

人作为社会性动物，合作是人的天性。当然，和动物世界相比，合作也是人类社会优越和成功的地方。任何一个组织，都是由不同的人组成的。任何组织目标的实现，也都要由成员合作完成。

有的人不缺乏专业知识，不缺乏工作能力，却欠缺合作、沟通能力。在一个组织中，每个人都有自己的利益诉求，合作中，不可避免地有各种各样的矛盾。学会合作，就是要学会化解矛盾，实现互利共赢。

善于合作，首先要学会沟通。沟通是解决问题、化解矛盾的有效途径。

与人沟通，有三个境界：第一个境界，我是对的，你是错的；第二个境界，我是对的，你也没有错；第三个境界，你是对的，我没有错。放低自己，尊重别人的意见，这样，才能达到沟通的目的。

善于合作，要学会宽容。

人要做到 “严以律己，宽以待人”，才能和他人顺利合作。如果总是对自己宽容，挑对方的毛病，那谁愿意跟你合作呢?

俗话说：“宰相肚里能撑船。”宽容别人，是放下别人的过错，我们得到的，是他人的敬重；宽容别人，我们才能保持冷静和理智，赢得未来。

善于合作，要学会控制自己的情绪。

在职场，有些人在面临组织发展所带来的压力的时候，很容易失控；有些人对某件事不满，就会大发雷霆。这种情绪的发泄，对他人会造成很大的伤害。

以创新而闻名的乔布斯，同时也有着闻名的坏脾气。由于他脾气暴躁，与同事难以和平相处，更是经常大声呵斥高管。当苹果公司出现业绩失败时，大家便把责任归罪于他，一度剥夺了他在苹果公司的经营大权，他也被迫辞职离开苹果公司。直至多年后，他重返苹果公司，才得以让自己的才华充分展现。

不管是领导层，还是普通员工，如果不能控制好情绪，只会伤害他人，影响合作，毫无益处。身为下属，如果控制不好情绪，无法容忍上司的决策，则将不得不离开这个团体；身在领导职位的人，如果控制不好情绪，带来的危害将更加严重，甚至威胁到组织的生存发展。

管理好自己的情绪，做一个理性的人，不管遇到多大的风浪，都让自己处于一种平静的状态，才能做出正确的判断和决策。学会沟通，学会宽容，学会控制自己的情绪，我们才算是学会了和他人的合作。

言语会影响他人对你的判断

孔子说："君子欲讷于言而敏于行"。"讷于言"，就是说话要谨慎，思考后再说话。年少时，我对这句话并不是很理解，认为每一个人都有表达的权利，不理解说话会对一件事情产生怎样的影响。

踏入职场，随着我们遭遇一次次挫折，看到因一句话而导致的成功或者失败，才深刻地认识到这句话的意义。

在职场，人与人之间的沟通多是短暂的。我们接触的大部分人，彼此之间都难以长时间相处，别人只能从当下的言语中判断一个人的能力、性格和为人，判断是否值得信任，能否一起合作。

言语，是他人判断我们的依据。

有的人说话常常和事实不相符，夸大其词，吹嘘自己多么能干，成绩多么优异，似乎这样别人就会对自己高看一眼。事实上这只是一时口舌之快。就如同吹一个五彩的肥皂泡，当他人知道真实的情况时，肥皂泡便四散破裂。

有的人常常站在道德的制高点上，批评别人，贬低别人，抓住别人的缺点不放，以显示出自己高人一等。实际上，这样的言语不仅会伤害别人，制造矛盾，还会显示出自身素质欠佳。

言语看似简单，却蕴含着巨大的力量。

"良言一句三冬暖，恶语伤人六月寒。"一句关心的话，可以让人感到温暖，给人力量和勇气；一句恶意的话，只会伤害到别人，让人感到心寒。人与人之间的很多矛盾，都是言语不和而造成。注意说话的方式，维护他人的自尊心，便会化解人与人之间的诸多矛盾。

我曾经遇到过一个员工，说话犀利。不管是谁，她都能抓住别人言语上的漏洞讽刺几句。别人表面上被她说得哑口无言，心里却窝了一肚子火。时间久了，大家都对她敬而远之。

话语一旦说出，便不能再收回，一旦产生坏的影响，很难消除。

《诗 · 大雅 · 抑》中有言：“白圭之玷，尚可磨也；斯言之玷，不可为也。”一句话说出去，不论对错，没有再收回来的可能。白玉上面的斑点，可以磨掉，而言语上的失误却难以消除。

我们在讲话之前，先思考一下会不会伤害到别人，有没有准确表达自己的意思，有没有不合理、夸大其词的地方，有没有透露本该保守的秘密，然后再表达出来，便会减少不必要的误解和伤害。

有的人说，我天生不善言辞，不知道如何说话才是恰当的。对此，孔子开出了一个药方，就是“讷于言，敏于行”。讷于言，是少说话，少说没用的话，语言尽量简约，抓住重点表达。这样，可以减少语言上的失误。当然，讷于言和敏于行是紧密联系的，少说话的同时，要多做事，行动要敏捷。只有一个人的行为表现，才能真正代表一个人。

业绩是职场的“通行证”

年轻的时候，青春是用来奋斗的；年老的时候，青春是用来回忆的。

作为一个销售人员，你就尽力开拓新市场，销售更多的产品，接下更多的订单；作为一个项目经理，你就带领施工人员战胜各种困难，保质保量完成工程项目，节约成本，创造出更高的利润；作为一个工程师，你就不断研发出新技术、新产品，不断满足市场的需求；作为一个清洁工，你就把地板擦得光洁明亮，给大家创造一个洁净的工作环境。

这些，都是一个人的业绩。

业绩，是职业道路上的奖杯，证明着你的努力，你的能力，你做事的态度。如果说毕业证书是一个人大学阶段学习情况的证明，那么，业绩就是职场上的“毕业证书”。你能做出什么样的业绩，做出多少业绩，便证明你能够承担多大的责任。

一个人有了业绩，才会拥有发展机会。

企业里，每一个岗位都会有相应的绩效考核。你业绩做得多，不仅会使你个人的收入增长，你也容易在同事中脱颖而出。企业如果需要提拔管理人员，首先会把机会给那些业绩突出的人员。

有了业绩，一个人才会有自信。要想在职场生存下去，得到别人的尊重，我们就要拿出业绩。

一个人，如果背后没有几个业绩来支撑，说起话来就没底气。

我在中建五局的时候，曾经有一个项目。甲方当时对我们不礼貌，恶意刁难，企图赖账。我就先问他：“我的工程质量有问题吗？”他说：“没问题，很好。”我说：“我的工期有没有违约？”他说：“没有。”“我的现场管理、技术资料有没有问题？安全文明施工有没有问题？”他回答：“都没问题。”我说：“都没问题了，那剩下呢？”他就有点发愣。我桌子一拍：“给钱！我什么都给你干好了，你不给钱怎么能行？”后来，他认识到了错误，好好地与我们合作了。

我之所以有这个底气，就是因为，我们的项目干得好，有自信。要是我们的工程项目干得不好，被人指责质量有问题，工期有问题，安全管理有问题，到处都有问题，那我还敢说“给钱”吗？

不要老想着我为别人做了什么。所有的工作不是为了别人，而是为了自己。有了业绩，我们就有了底气，不管是在自己单位，还是到了别的场合，我们就有自信，就会受到人们的尊重。

本章后记

职场小环境中的不公正，就如道路上的坑坑洼洼，小心一点走过去，不会影响我们的步伐，一旦大意，可能就会绊上一脚，摔个大跟头。学会处理这些问题，我们才能顺利地在职场前行。

一个刚毕业走出校园的大学生，从纯粹的学习环境到需要解决复杂问题的工作环境，从单纯的校园到人际关系复杂的企业，首先要学会的，是在职场中的生存之道。学会和“不公正”和平相处，学会服从，学会合作，有了突出的业绩，才会逐渐成为一个被同事尊重，被领导信任的职场人。

第五章　小岗位离不开大格局

大自然的景色绮丽壮美，可当我们站在山脚时，双眼只会被丛生的灌木、厚重的山石所阻挡，能看到的只有杂草和丛林。当我们沿着台阶攀爬，随着地势不断升高，看到的景色也会越来越宽阔。我们的视野越过丛林，越过群山，投向辽阔的大地。如今，人类乘坐宇宙飞船进入太空，能看到整个茫茫的宇宙，地球也仅是一颗渺小的星辰。树木、丛林、高山、河流……大自然的风貌随着我们身处地势的高低而变化。人生，也是如此：格局的高低决定着人生的境界和高度。一个小小的职场，一个小小的岗位，其实也是如此。你的薪酬没有别人的高，怎么办？你是成功，还是一定要成功？心怀大格局，你也就能找到答案。

薪酬福利不如别人，怎么办？

每到年底，不少网友开始在网上晒福利，甚至会有人总结出福利排行榜。各个单位之间，福利待遇有天壤之别：有的是抽奖分房，有的是数十倍月薪的奖金，有的是一辆豪车……有人需要奋斗一年或者数年才能得到的东西，人家不费吹灰之力，一个年终奖就拿到了。

在网络时代，这些信息不断刺激着那些辛苦奋战的上班族。这些薪酬福利，由于是不同的行业，有些人心里还能自我安慰。可是，再拿自己的薪酬福利和同行业的比，一样让人心里不平衡。

在建筑行业，有的单位人们工作轻松，不用加班加点，不用风吹日晒，就能轻松拿到过万的工资，数万的年终奖。而有的企业人们每天奔波劳累，责任大，风险高，收入却还没有人家好。

职场中，不少人总觉得自己单位工作累、压力大，不明白为什么别人的薪酬福利总是比自己的高。不少人感叹命运不公，甚至有了跳槽的冲动。薪酬福利，总是别人家的好！面对这个难题，那些不属于“别人家”的员工，该怎么办呢？

走上工作岗位，青年人大都面临着结婚成家的巨大压力，关注薪酬福利是很正常的。人都有一种比较心理，工资收入要比较，福利待遇要比较，职位高低要比较。在比较中，确认自己的位置。

大家晒晒年终奖，互相比较一下薪酬高低，也是可以理解的。可大家在比较的时候，有一个倾向，就是总是拿那些优于自己所在单位的企业去比较，或者说，只记住那些优于自己所在单位的企业。这种比较心理，一方面源于“人往高处走”的天性；一方面，也只有拿出那些更好的单位待遇，才有可能给自己单位领导一点压力，在来年也尽可能地提高一下自己的收入。

在我看来，不管是出于哪一种原因，这样的横向比较除了让自己心生不满，徒生抱怨，似乎没有太多益处。我们要学会的应该是纵向比较。

纵向比较，就是和自己单位里的人比，和不同职级的人比，和自己以前的收入比。我们要看到十年前，五年前，五年后，十年后，我们个人收入的增长变化趋势。

在职场，不管处在什么样的岗位，哪怕是一名普通职员，我们也都要有大格局。职场中的大格局，是站在十年、二十年，甚至一百年的时空中，去看职场人生；是站在实现人生价值的高点，来看职场人生。

一些初入职场的大学毕业生，眼睛只是盯着工资和奖金，把眼光拘泥于自己与别人薪酬的差距。别人比自己挣得多，就会不高兴。这样做，人生格局就低了。

我们要想走得远，格局就要放高一点。格局放得高了，就不会纠结于眼前的曲折。

初入职场的第一个十年，大家大都处在职业通道的起始阶段。这个十年，就是吃苦的十年：拿着较低的工资，买不起像样的房子，穿着廉价的衣服，甚至吃饭都要精打细算，免得成为月光族。

第二个十年，我们成为中层干部，收入开始提升，有了些许积蓄。到第三个十年，第四个十年，我们有了一定成就，我们不想涨工资，单位也会给我们涨，而且得还不是涨一点点，然后才有最后十年的享受、享用。

在收入较低的第一个十年，我们可以换一种心态来看待自己的薪酬福利。

职场的薪酬，总是有高有低，如果我们总是和收入高的人比，我们永远都不会满足。人的要求是无止境的。在收入较低的阶段，我们要降低期望值，不要只看眼前，不要总是和收入高的人比，而是放在一个长时段考虑。

譬如买房，人这一生，一般要换三次或者四次房，现在市场经济发达了，有的会换四到五次。不要想着一次到位。年轻的时候，可以先买个小一点的房子住着，通过奋斗再去换大的，乐趣都是在奋斗之中。

有远见的富翁会把钱捐献出去，不留给孩子。看得远，想透了，好多事就容易解决了。如果盯得太近，一个人整天计较自己的薪资和奖金，同事就会不高兴，领导就会不待见，会让人觉得爱计较，给大家一个不好的印象，你可能获得的机会就少了。

在职场，我们要和自己比较。看自己今天有没有比昨天更努力，更进步，看自己今天有没有增长了知识，我们要做的，就是每天都比昨天强一点。

长期看，一份职业，我们所得到的和我们付出的，总是相对应的。想收入高，就要比别人付出更多的时间和精力，承担更多的压力；想快速晋升，就要到难度大、责任大的岗位，才能快速体现出我们的能力和价值。

一个人，要多看自己做了什么，做了多少，自己的能力达到什么层次，不要总想着自己得到了多少。改变一下比较的对象，把目光放长远，站在整个人生发展的角度，来看待当下的处境。每天都努力为未来更好的发展做准备，我们只需要静静地等待“花开”的那一天。

要成功，还是一定要成功？

哈佛大学曾对面临毕业的大学生进行过一次问卷调查。结果显示，

27%的人没有目标，60%的人目标模糊，10%的人仅有短期的目标，只有3%的人有清醒而又长远的目标。

25年后，哈佛大学又对这些人进行了跟踪调查。结果发现，有清醒而又长远目标的3%的人朝着一个目标不懈努力，几乎都成了社会各界成功人士，其中不乏一些行业领袖、社会精英；10%制定了短期目标的人通过不断努力，成为了各个领域的专业人士，大多生活在社会的中上层；60%目标模糊的人，工作安稳，但没有特别的成就，几乎都生活在社会的中下层；27%没有目标的人生活很不如意，常常抱怨他人、抱怨社会、抱怨世界没有给他们机会。

有一位营销大师说：你是要成功，还是一定要成功？两者之间有着本质区别。要成功，只是说你有一个模糊的目标，而一定要成功，是说要为自己制定出一个清晰而又长远的目标。目标，是一个人发展的动力，不同的目标，发展动力不同。

你是要成功，还是一定要成功，或许，就因为多了两个字，人生便会有不同的结果。譬如，两个推销员，一个推销员的目标是拿到一百万元的订单，另一个推销员的目标是拿到十万元的订单。两个人在推销产品时，采取的推销方法、付出的精力肯定也是不同的。到最后，即使二人都没有完成目标，第一个推销员的业绩也要远远高于第二个推销员。

有了目标，我们不一定会完全实现目标，但是，在实现目标的过程中，我们一定会比别人多走几步。或许，就是这几步，便可以改变我们

的人生。

曾经看到关于希尔顿饭店创始人希尔顿的故事。在初创业时，希尔顿的目标是成为一名伟大的银行家。为了实现这个目标，他来到因发现石油而兴盛的得克萨斯州。希尔顿希望在这里购买两家银行进行经营，可是，他连续跑了两个城镇，都没有找到要出售的银行。

在第三个城镇锡斯科，希尔顿找到了一家愿意出售的银行，却因为收购价格没有谈拢，不得不放弃。希尔顿发现当地的旅馆生意极为火爆，大家为了一个床位，争抢不止。恰巧，这个旅馆的老板抱怨，经营旅馆赚不到大钱。希尔顿当即出资买下了这座旅馆，由此走上了旅馆经营之路。

希尔顿没有实现那个成为伟大银行家的目标，却在成为银行家的路上，找到了新目标。他决定开办自己的新旅馆，要把旅馆开遍美国，开遍世界。历经波折，希尔顿终于实现了自己的梦想。如今已是全球酒店连锁集团的希尔顿大饭店，年利润达数十亿美元。

不同的人生目标，会让我们有不同的工作动力。每一个人都有很大的潜能，当我们用强大的心灵动力激发自己的潜能，便会迸发出不一样的能力，进而影响到我们的人生结果。

一生中，有了目标，才会活得充实，才会不断地发展。

我到美国游学的时候，见到了索罗斯。见面时，我们问他：“怎么样才能成功？怎么样才能持续成功？”他回答说：“要不断地找一个目标，找一个做事的理由。如果你找不到最好的，找一个次好的理由也可以。”

2002年12月，我出任中建五局的局长。面对这个连年亏损，拖欠工资的企业，我在就职大会上这样表态：“少则三年，多则五年，中建五局一定会以一个新的面貌出现在中建大家庭里面。面包会有的，奶酪会有的！”

这段话，我是说给全体职工听的，也是说给我自己听的。对于一个建筑施工企业来说，建造房屋并不难。要说难，也就难在大家都对前途没有信心。全局上下不齐心，这才是真正的大麻烦。

在当时的困境下，局领导班子只有给大家树立一个清晰的发展目标，重建信心，才有可能团结大家共同发展。事实证明，中建五局从此开始，一步步迈入了快速发展的快轨道。经过三年的努力，中建五局经营规模先后达到了50亿、100亿，完成了扭亏脱困的目标任务。

当时，有人问：“中建五局还能不能继续发展啊？”我说：“当然要继续发展，而且要创新发展。”后来经过几年的发展，经营规模突破了1300多亿元了。“人心齐，泰山移。”中建五局在宏伟目标的指引下不断发展，终于迎来了黄金时代，不断攀上新高峰。

作为一个企业管理者，要不断给员工描绘美好的蓝图。作为个人，也要为自己制定发展目标。如果你把人生的发展目标分解开来，变成十年发展目标，五年发展目标，一年发展目标，然后再分解到日常工作中，那么，我们每一天都会过得充实，每一天，都朝自己的目标走近一步。

有了长远的发展目标，我们便不会为眼下少拿了一点工资、多干了一点工作而心生抱怨；有了长远的发展目标，我们便不会被一点点困难挫败；有了长远的发展目标，我们便会积极寻找发展路径，即使没有到达终点，在途中也领略到了别人看不到的风景。

格局决定人生

身在职场，不管处于什么位置，都离不开“格局”二字。格局，决定人生。

一个人如何看待薪酬福利，如何设定个人发展目标，不同的格局，便会有不同的结果。格局低的，可能只看到眼前的坑坑洼洼；格局高的，目光投向遥远的未来，再从未来看到现在。

“白日依山尽，黄河入海流。欲穷千里目，更上一层楼。”当年，唐朝诗人王之涣站在鹳雀楼上，望向苍茫的群山，蜿蜒流淌的黄河，写下了这一千古名诗。如诗中所言，如果你想看得更远，就需登得更高。人生也是如此，如果你想走得更远一些，那就把自己的格局再放大一些。

格，是人格；局，是气度和胸怀。格局的高低，决定我们关注利益范围的大小。有的人，眼里只有自己的得失；有的人，心里会装着家人，眼里看到的是自己的爱人和孩子；有的人，心里装着一个家族，会去照顾自己的兄弟姐妹、叔伯亲属；还有的人，心中装下了更多的人，一个部门、一个企业、一个行业的利益得失，甚至放眼天下，心怀整个社会的发展。

毛泽东之所以做出如此伟大的事业，成为一代伟人，是因为他的人生格局高。这从他的诗词中可见一斑："小小寰球，有几个苍蝇碰壁"，"问苍茫大地，谁主沉浮"。毛泽东的心里装的是"小小寰球"，是"苍茫大地"。在《沁园春 · 雪》这首词中，他把"秦皇汉武"、"唐宗宋祖"说了个遍，但最终写道："数风流人物，还看今朝。"这个格局非常高。

孔子曰："君子坦荡荡，小人常戚戚。"意思是说，君子心胸宽阔，光明磊落，目光远大。小人心胸狭隘，目光短浅，为小事斤斤计较。心胸坦荡，目标远大，就是一种高远的格局。

格局的高低，对人生的结果有着深远的影响，甚至决定成败。格局高远，我们才能取得事业的成功。中国近代著名的军事家、政治家曾国藩说过："谋大事者首重格局。"

项羽，以勇武闻名，带领十万大军过江，扫秦军，烧秦宫，灭王离，号称西楚霸王。刘邦，多次从项羽手下兵败逃生，最后却反败为胜。垓下之战，项羽兵败自刎乌江，只留下“垓下歌”这一千古绝唱，让人不禁叹息。究其原因，我们能从项羽和刘邦的格局大小中找到成败的缘由。

项羽出身贵族，个性勇猛，力能拔鼎，可是，从他的行事为人来看，却缺少大格局。项羽率军攻破咸阳，放火烧秦宫，搜集珍宝带回江东。这个时候，有人劝他说江中之地，地势险要，土地肥沃，物产富饶，可以成就霸业。项羽却说：“富贵不回故乡，就像是穿着锦绣衣裳在黑夜中行走，有谁能知道呢？”别人听到他这么说，感叹道：“人们说楚人是沐猴而冠，果真不假。”项羽闻听此言，一怒之下就把这个人扔到锅里煮死了。

项羽的格局，关注的是享受胜利的果实，是回乡炫耀自己的战绩，而没有把心思放到成就天下霸业之上。项羽看到的只有自己的荣辱，为解一时心头之恨杀掉异己者，却因此失去了人心。从强盛到灭亡，项羽败给了自己，败给了自己狭隘的格局。

再来看看刘邦，早期刘邦根本无法和项羽抗衡。但刘邦志存高远，入秦都咸阳后，听从下属劝告，还军霸上，下令谁都不准杀子婴，不准烧杀抢掠，对于百姓送来的慰问品，一律表示感谢，却不接受，因此深得民心。此后楚汉争霸过程中，虽然刘邦兵力远远弱于项羽，经历多次失败，但刘邦将个人的喜怒搁置一边，心怀天下，善于纳谏，能屈能伸，最后一步步反败为胜，夺取天下。

面对这种命运的翻转，或许项羽悲叹是天要灭他，可他从来没有想过“得道者多助，失道者寡助”这句话。能不能得到这个“道”，也可以说是在于一个人的格局。

格局高远的人，行事为人不会拘泥于物质享受，不会拘泥于个人的爱恨情仇。与人相处的时候，真诚宽厚，胸襟宽阔，从容坦荡；做事的时候，目光高远，自然能得到更多的拥护和支持。而格局狭隘的人，只在乎自己的喜怒哀乐，毫不在乎别人的利益，最终只会落个众叛亲离的下场。

人生，有千百种生活方式。格局高也好，格局低也好，为了自己而活也好，为了更多的人而活也好，每一种生活方式都自有它的意义，并没有高低卑下的区别。可人只有把目光放长远一些，活得坦荡大气一些，让生命之花尽情绽放，才算是没有白到世间走上一遭。

本章后记

成大事，要有大格局，要有长远的发展目标，不要总是为眼前的一点利益而纠结，每天盯着碗里饭菜的人，不会关注他人的利益和疾苦；每天盯着自己钱袋子的人，不会放眼壮丽山河。这样的人，只会每日在斤斤计较中纠结和痛苦，看不到生命的价值和意义。心怀高远之志的人，不会因眼前的一点得失而喜或悲。他们一步步朝着自己的目标前进，最终实现自己远大的理想。

第六章　职场的学与习

学习，是我们无比熟悉的事情。从幼年走入学堂，我们的学习生涯便开始了。课堂上，我们演算一道道习题，背诵一篇篇名家大作，从历史与政治中探求古今，窥探人生，指点江山社稷。学习，似乎专属于校园。我们踏上工作岗位以后，学习是不是就可以而终止了呢？答案当然是否定的。学习，是我们一生的事情。职场，是我们可以终生学习的地方。但是，我们要转变学习方式，找到新的学习路径。

工作太忙，哪有时间学习提高？

不少青年人在工作几年后，会产生“本领恐慌”。他们感觉自己的能力还难以适应工作的需要，或者难以达到自己期望的水平，有强烈的学习愿望，希望进一步学习提升自我。但是，这种学习提高的愿望，一遇到忙忙碌碌的工作，就充满了困难和障碍。

有的人说：“工作实在太忙了，想看书也没时间。周末的时候，兴冲冲地去书店买了一摞书回来：有和工作相关的专业书籍，有启迪人生的哲理书籍……回家列出一个阅读计划，看起来很完美。可是，一到上班时间，又匆匆忙忙地开始了一周的工作。每天加班到晚上八点，回家已经很累了，哪还有精力去看书呀？”

有的人说：“职场里没有一天顺心。工作忙累不说，一不小心还会出问题，整天战战兢兢，唯恐做不好被领导训斥一顿。单位里，人与人之间也不简单，小心翼翼，总害怕又把谁给得罪了。每天都很烦，哪还会静下心来学习？”

有人说：“自己的知识越来越跟不上工作的需要，确实需要学习提高。可是，工作琐碎繁杂，到底学些什么才能真正对工作有用呢？那么多专业书籍，新书又层出不穷，又该从哪里入手呢？”

还有人，工作遇到发展瓶颈，犹豫要不要去考研、考博。他们认为，或许重新回到大学学习深造，提高一下学历，工作会更加顺利一些。

这些有关学习的烦恼，是职场中的常见问题。不少人的心里是非常渴望学习提高的，只不过碍于现实，不知道如何下手。在我看来，这些烦恼本不应该存在，因为，职场就是最好的学习场所。

当然，职场不同于校园，没有细心讲解的老师，没有细致安排的学习课程。职场，只有一件件做不完的工作，解决不完的问题。在职场，我们很难有一段完整的时间去安静地学习。

在职场，我们可以从工作中学习。面对任务，面对难题，当我们向工作经验更丰富的同事请教的时候，我们已经在学习与成长了。当再一次遇到类似的难题，我们便会胸有成竹。

在职场，我们还可以从人与人之间的相处中学习。每当顺利化解和同事之间的矛盾，赢得客户的信任，结交一个与我们心灵相通的朋友时，便也是一种学习与成长。在人际交往中，我们不断地修炼性格，完善人格，逐渐走向成熟。

职场的学习比校园学习更为快速、便捷，能够直接弥补知识经验的不足；职场的学习能够帮助我们完善人格，真正地成长为一个合格的职场中人。如果我们想在职场中走得更远一点，那就重视职场的学习。总结成功的经验，分析失败的教训，在思考与实践的过程中提高，加强自身修养，不断成熟成长。我们有多重视职场的学习，人生就会走多远。

脱产读书不是万能解药

小雨大学毕业时，顺利进入了一个省会城市里的媒体单位，这在当地是人人羡慕的好工作了。作为一名行政职员，小雨每天的工作就是接听来自广告客户的电话，记录客户的广告投放情况。初入岗位的时候，小雨在岗位上兢兢业业，认真对待每一个电话，每一份广告。

生活，就在这些电话铃声中被一日日消磨。慢慢的，当那些熟悉的声音一次次出现，那些报纸版面早已熟记心中的时候，小雨清楚地发现，这不是她想要的生活。可是，小雨不知道自己该走向何方。她想申请调到单位其他部门，但记者、编辑的岗位都有专门的要求，基本不可能过去。更何况，单位里“一个萝卜一个坑”，领导也不同意随意调动员工工作。

在迷茫中，小雨想辞职读研，重新回到校园深造。她认为或许自己有了更高的学历，就可以跳出这个狭小的地方，找到一方新的天地。

初入职场的三至五年中，是否要继续读书深造，往往困扰着不少青年人。一些人在职场中遇到发展困境，碰到发展挫折的时候便认为，读研、读博可以提高自己的学历、身价，毕业后重新进入职场，会更加有竞争力。此时，继续读书深造，似乎成了一些人逃避职场矛盾，谋求更大发展的“大道”。

脱产读书深造，真的是解决职场难题的万能解药吗？我们先分析大学本科和研究生阶段的教育功能。

大学本科阶段，学生主要接受专业基础知识教育。这个阶段，学生需要学习某个专业相关的基础理论知识，学习范围较广，却相对浅显。在这个阶段毕业参加工作的青年学生，大多年龄较小，加上理论基础较为宽泛，有较强的可塑性。不管学什么专业，进入什么样的工作岗位，都可以逐步适应岗位要求。也因此，有不少本科毕业的学生，常常做着和自己的专业毫无关联的工作，而且能做得很好。

在研究生学习阶段，学生接受的是专业知识教育。在这个阶段，学生需要针对某个研究方向进行深入的探讨，学习的内容也是专业理论知识学习。在这个阶段，一个人学习什么专业，基本将成为今后的职业方向。

一个人，如果大学本科毕业后直接进入工作岗位，一方面有着可塑性强这个优势，另一方面也拥有时间，可以在岗位锻炼中学习成长，沿着某一个职业方向逐步发展。如果硕士生、博士生毕业出来，可能职业方向已经固化，只能在所学习的专业方向中发展。

脱产读书深造，实际上是一次职业方向选择的机会，而不是逃避职场矛盾、借此谋求更大发展的“万能解药”。是继续读书深造，还是埋头工作，职场人要视自身情况决定。

有一部分人，因为大学毕业时不太了解自己，进入了和自己兴趣、爱好相差甚远的工作岗位。工作一段时间后，发现自己的能力和特长无法充分发挥。比如明明自己喜欢文字写作，却偏偏干着会计、财务这样的数字工作，每天的工作对他来说都是一个折磨，虽然内心强烈地渴望去做自己擅长、喜欢做的事情，却又找不到合适的岗位。这种情况下，我的建议是，早点辞职去读书深造，然后选择自己最向往、最擅长的那个职业，才会不辜负自己的人生和才华。

还有一部分人，已经在工作实践中找到了基本适合自己的职业方向，只是遇到了暂时的挫折，才想到去读书深造。即使考研读博，要学习的也是同一个专业方向。他只是把校园当成一个逃避矛盾的地方。对此，我的建议是，还是埋头好好地工作。

回到校园读书深造，听起来很美好，可是，这将需要你付出时间代价，牺牲职场潜在的发展机会。考研读博，并不一定比职场实践进步得更快。

两个人，A在校园里读了三年研究生，B在工作中打拼三年。A读三年研究生以后，进入一个全新的岗位，相当于从头开始。可是，B一直在岗位中锻炼成长，经验丰富，能力也得到了充分提升和展示，如果有升职发展机会，通常领导会先交给B。此时，B的发展情况，往往超越A。

一个人的成长，可以通过在校学习实现，也可以在职业实践中完成。职业实践中的成长，会是一个更完善的成长。当一个硕士生或者博士生毕业的时候，还是要补上职场的这一课。如果你适应能力强，或许会追赶上那些一直在职场的人；如果你适应能力差一点，可能会一直居于他们之下。

有的人会说，读研、读博深造，虽然短期内会落后于一直在工作的人，可是，学历高的人会有更大的发展潜力，在未来的工作中，仍然会超越他们。这种说法有一定道理。但是，职场有很多种学习的途径，别人也在不断学习成长。因此，究竟会有什么样的结果依然很难说。

职场学习的“721”法则

《人民日报》上曾经刊登过一个时间管理的“721法则”，意思是说，要有效地利用时间，应当把70%时间用来完成当天工作，20%时间用于明天准备，10%时间用于下周计划；应当把70%时间用于工作，20%时间用于家庭生活，10%用于娱乐社交。

在职场多年，我发现这个“721法则”同样可以应用于一个人的能力培养。一个人的知识和能力，大约有70%来源于岗位历练，20%来源于自学，10%来源于脱产学习。也是说，一个人能力素质的提高，主要从工作岗位的实践中获得，我们要学会结合岗位进行学习。

校园学习，是大家熟悉的学习方式，可是，它只占我们学习生涯的一小部分。更重要的学习方式是职场学习。

“纸上得来终觉浅。”从书上学来的理论和概念，只是冷冰冰的词语。这些理论，并不能拿来就能帮我们解决难题。在实际工作中，不同的环境、不同的条件，可能就会产生不同的结果。这些概念，需要我们到岗位中去实践，到不同的工作环境中去检验，到各种各样的条件下去验证，才能真正成为解决问题的工具和方法，真正内化为我们的智慧和才能。

结合岗位学习，才是把知识理论转化为个人才能的有效途径。结合岗位学习，也是一个重要的职场学习方法。

现如今，不少家族企业的继承人，出国读书多年归国后，常常还要在企业各个岗位上进行长期的历练，在岗位中继续学习。等到历练成熟，才能真正接过企业管理的重担。比如，新希望集团的接班人刘畅，娃哈哈集团的接班人宗馥莉，碧桂园集团的接班人杨惠妍等。

新希望集团的刘畅，16岁就被送到国外学习。归国后，她被父亲“雪藏”了十年，才从幕后走到前台。她先去了一家远离家族企业的广告公司，作为一名普通员工从事品牌宣传和项目策划工作，积累了宝贵的品牌宣传工作经验。

此后，刘畅又进入新希望集团的办公室做行政工作，参与新公司的筹建，管理下属的分公司，还被派往海外，负责艰苦的市场开拓工作。在近10年的历练中，她不断学习与成长，直到经验、能力足够担起接班人重任，父亲刘永好才放心地把集团的重担交给她。

这些优秀的家族企业接班人，尚且需要如此艰苦的锻炼，更何况普通的职场中人呢!

学历只能代表过去，是一个人进入一个单位的“门槛”。大家一旦跨过这个门槛，学历就基本上“归零”，在同一个起跑线上了。进入职场，最重要的是“清零”，放下“天之骄子”的清高，在工作中继续学习。

结合岗位学习，我们要做到不懂就问，向经验丰富的老员工学习。尤其是在建筑行业，老建筑人往往学历不高，但实践经验相当丰富，只有多向前辈学习，多向老同志学习，我们才能学到书本上没有的知识和经验。

结合岗位学习，我们还要向其他岗位员工学习，学习各岗位的知识。一旦有机会，我们就要争取多干一点。只有务实肯干，虚心学习，才能不断进取和提高。

拿我自己来说，我的财务知识，就是争取学来的。当时我在项目上当调度长，负责施工组织和质量安全。但是我对领导说："能不能让我兼职出纳？能不能让我做会计凭证？我做凭证，会计审查签字。"如果我做错了，我就让会计撕掉，我再重新做。我做了三年会计凭证，掌握了会计核算的一些知识。

后来，我当了区域公司经理。签字时，在每一张发票上，我都直接标注此项费用在哪个科目里核算，过一段时间再请全局资深的总会计师来帮我审查，提出意见。这段经历就是我争取来的。我自己学到了新岗位的技能，而对于我当时的义务劳动，那个会计也很高兴，因为我在学习的同时，也帮了他的忙。

在工作中学习，还有一种方法，就是不断总结。工作中遇到的问题，用什么方法解决的，有哪些经验教训，我们要多总结。在总结的过程中，学习成功的经验，分析失败的教训。

2010年，我到美国游学时，参加了一个与索罗斯交流的座谈会，我的感触很深。大家都知道，索罗斯号称"金融大鳄"，但是他每天的工作却是按每一刻钟一个时段来排日程的，非常紧张。我们20多个人参加座谈，有人问索罗斯："你是怎么样成功的？你是怎么样持续成功的？你是怎么维持工作激情的？"索罗斯回答："要关注自己的不足，关注自己的失败。"

有些事我们成功了，就把它放在一边。不成功的事，我们再把它做成功，就能持续成功；如果我们仅仅想着已经成功的事情，就只有过去

的成功；如果把不成功的事情继续做成功了，那我们就能不断地成功。

结合岗位学习，还要以谦虚的心态学习，不能躺在原来的成绩单上沾沾自喜。杯满则溢。我们要将自己看作一个谦虚的空杯子，才有空间容纳更多知识。要以谦虚的心态，向经验丰富的同事学习，向别的岗位学习，不断总结自己的不足，关注自己的失败。做到这些，我们就学会了在工作中学习，学会结合岗位学习，我们就拥有了源源不断的学习机会，找到了不断进步的奥秘。

挖一口属于自己的井

从前有两个和尚，分别住在相邻的两座山上的庙里。两山之间有一条河，两个和尚每天早上都会下山去河边挑水。久而久之，他们便成了好朋友。

就这样，在每天的挑水中，时间不知不觉过了5年。突然有一天，东山的和尚没有来挑水。西山的和尚想：他大概睡过头了。哪知第二天，东山的和尚还是没有下山挑水，第三天还是一样。一个星期过去了，西山的和尚心想：我的朋友可能生病了，我要过去看望他，看看能帮上什么忙。

当他爬上东边山上，看到他的老朋友时很是吃惊，因为他的老朋友非常气定神闲，正在庙前打太极拳，一点也不像很久没喝水的人。他好奇地问："你已经一个星期没有下山挑水了，你喝什么啊?"东山的和尚带他来到后院，指着旁边一口井说："这五年来，我每天做完功课后，都会抽空挖这口井。即使有时很忙也不忘挖几下。如今，我终于挖成了，就不必再下山挑水了。我可以有更多时间练我喜欢的太极拳了。"

这个故事告诉我们，八小时内工作再好，那也只是"挑水"。一定要记得利用下班后的时间不断充实自己，挖一口属于自己的"井"，培养自己某一方面的能力。

很多年轻人总是想去这里，想去那里，做自己喜欢做的事。但又总是找借口，说工作忙，没时间。一件事我们没办成，总是能找到借口。一件事能不能办成，关键是看我们是不是真想办这件事。如果我们下了决心，并且为此付诸行动，总能如人所愿。

挖一口属于自己的"井"，就会有更多时间去做自己喜欢的事，拓宽人生的空间。

现今社会，智能手机的出现，似乎改变了大家的生活。不知从什么时候起，地铁、公交、车站等公共场合，抬眼望去，大家都在埋头看手机。大家或者聊天，或者浏览新闻，或者看视频，沉浸在手机的世界中。

手机可以随时随地让我们联通外面的大千世界，给我们带来了很多便利。然而，这种获取资讯的方式虽然简单便利，但也分散了我们的注意力，我们的时间和精力被切割成碎片。

有的人会说，我每天拿着手机，是在浏览新闻资讯，有助于我的工作和生活。网络资讯确实对我们的工作和生活有所帮助，但如果我们每天把时间耗费在网络资讯上，对自己的成长发展，没有任何益处。

一个人的成长，是需要在某一个领域进行持续学习，如同挖井，只有坚持不断地在同一个地方深挖，才能挖到深处的清泉。如果我们东一铲子，西一铲子，到最后，什么也学不到，什么也记不住，空耗时间。每天拿出一些时间，挖出属于自己的一口井，当我们挑水挑累的时候，就可以在自家的院子里，喝到清澈的泉水。

挖一口属于我们自己的水井，是把工作做到最优，培养某一方面的特长，成为某个领域最有发言权的人。

挖一口属于我们自己的水井，是在工作之余的时间里，钻研某一个自己感兴趣的领域。坚持下去，我们就拥有一项专门的技能和超越别人的一个筹码。

挖一口属于我们自己的水井，是发展自己的兴趣爱好，练习绘画、书法、唱歌……在工作之余为自己的心灵寻到归处。当我们日渐老去的时候，不会因为逐渐告别职场舞台而无所适从。

利用下班后的时间不断充实自己，挖一口属于自己的井。昨天的努力是今天的收获，今天的努力就是未来的希望。当年龄逐渐增长，我们挑不动水时，仍然还会有水喝。别忘了现在就行动。

拓展生命的宽度

世界上有一个民族，酷爱读书，那就是犹太人。古往今来，犹太人家庭的孩子，都会被告知一个观点：房子、钻石、金钱都有可能失去，只有智慧，才是永远属于自己的财富。

犹太人对读书的重视，已经深入到骨子里。据说，犹太人的孩子出生后不久，母亲便会给孩子读《圣经》，每读一段，就让孩子去舔一下蜂蜜。等孩子大一点，母亲就在《圣经》上滴上蜂蜜，让孩子去舔。这些举动，目的是想告诉孩子书本甜如蜜，让孩子从幼童时期，就爱上读书。

这个爱读书的民族，有着惊人的成就，为世界贡献了诸多杰出的人才。爱因斯坦、马克思、弗洛伊德，这些伟人都是犹太人。在美国，100多名诺贝尔奖得主，有一半人是犹太人。犹太人的成功，依靠的是阅读的力量，智慧的力量。坚持不懈地阅读，给犹太民族带来丰厚的回报，是金钱所无法衡量的。

在中国，很多人不愿意静下心来读一本书。根据2015年4月20日公布的第十二次全国国民阅读调查报告，2014年，我国成年国民人均纸质图书的阅读量为4.56本，与2013年相比减少了0.21本。这对于一个有着13亿人口的大国来说，实在令人震惊和汗颜。

有的人会说，网页上也有丰富的知识，我没必要再去读那些纸质书了。实际上，数字阅读和纸质本阅读，是两种完全不同的学习体验。

网络是一个连通多信息的平台。在这个平台上，知识是分散的、海量的，大家被信息牵引。而书中的内容本身是一个封闭的逻辑系统，围绕一个主题，进行深入的解读。读一本书，就意味着在一个领域进行了一次深入的思考。

读书本身，是一个提高的过程。

文化学者尼尔·波兹曼认为，阅读过程本身就能够促进人的理性思维的发展。图书，一般不如影像那样有画面，有声音，上面只是一排排黑白印刷的字。读书的过程，需要我们运用想象力、理解力和逻辑推理判断能力，需要充分调动我们的大脑思维。在读书的过程中，我们的思考能力得到了有效的锻炼和提升。

常言说："腹有诗书气自华。"读书，还可以修炼气质，净化心灵。《苏轼文集》中，关于黄庭坚有文记载："士大夫三日不读书，则义理不交于胸中，对镜觉面目可憎，向人亦语言无味。"对于黄庭坚来说，不读书，连自己的外貌，都变得可憎起来。

读书，可增加生命的丰富性与感知力。一个人不可能经历全部的事情。通过读书，我们却可以去经历许多别人经历过、思考过的事情。从书中，我们了解了更多看问题的角度，找到了解决问题的方法。

钢铁大王卡耐基，一生酷爱学习。少年时，由于家里贫困买不起书，他便不断寻找读书的机会。有一次，卡耐基在看报纸的时候，发现了一条消息：一名叫詹姆士·安德森的退役上校，愿意向青少年们开放家里的藏书。从此以后，卡耐基每周都会去上校家里借书来看。

后来，上校成立了一家真正的图书馆，卡耐基成了这家图书馆的常客。卡耐基认为能够读到这些书，对他来说是最大的恩惠。事业成功后，卡耐基在安德森先生私人图书馆的原址盖了大会堂和图书馆，并立碑纪念这位恩人。

当然，读书并不是生搬硬套，把书中的内容全盘拿来。我们在读书学习的过程中，要学会思考，学会创新。要跳出书中的思路，把从书中得到的启迪和现实世界结合起来，变成我们自己的智慧。

时间对每个人都是公平的，一个人生命的长度是无法左右的，但是我们可以通过努力，拓展生命的宽度，提升生命的价值。在这个资讯信息浮躁泛滥的时代里，放下手机，放下电脑，读一读书，你会体会到网络阅读所没有的安静、快乐。每一个人，都应该把读书当成生命的乐趣，当成生活中必不可少的一部分。

真知来自实践

明代思想家、哲学家王阳明提出一个思想，叫知行合一。这四个字，看似简单，却蕴含深奥的智慧。知行合一，就是说理论学习和实践行动要统一起来，实践和理论一样重要。

在王阳明所在的时代，有些文人学者喜欢高谈阔论，却轻看实践行动，遇到实际工作中的问题常常束手无策。王阳明针对这种情况，提出不仅要有“知”，还要会“行”。在他看来，现实中的问题不是靠谈论四书五经，讲仁义道德就能解决的，而要依靠有可行有效的工作方法。

王阳明任都察院高级长官左佥都御史，奉命巡抚江西南部。 江西土匪盛行。他认识到，此时空谈理论和哲学毫无用处，只有拿起武器与敌人交锋，战胜敌人，才能解决问题。在战场上，王阳明结合和敌人斗争的实践，根据需要采用各式各样的作战方法，从一个哲学家变成一个悍将。最终，王阳明打败了土匪，名振朝野。

在和敌人斗争周旋的过程，王阳明的“知行合一“的理论也越来越清晰。“真知即所以为行，不行不足谓之知；知是行之始，行是知之成；知是行之主意，行是知之功夫。”王阳明认为，真正的知识是和行动融合到一起的；没有实践行动，就不叫真正的知识。知识理论是行动的开始，而只有行动，才能真正学到这个知识。

在职场也离不开知行合一这句话。

在实际工作中，不少人参加工作之初，被安排到最基层的一线工作。有的人心生不满，抱怨自己在大学里学的东西毫无用处，或者感叹怀才不遇。实际上，这是对实践的作用认识不足，对知行合一的重要性认识不足。

从个人的成长规律和职业发展规律来看，一个普通员工成长为中层管理者，再到高层决策者，需要具备多种能力。而这些能力，主要是从实践中得到的。

有的人会说，大学本科，我学了四年的专业知识，读硕士博士时学得更多。经过这样的学习，到相应的岗位上工作，能力还不够用吗？高中毕业就去参加工作，实践时间更长，能力岂不是更强？

大学教育当然是必需的。在大学里，一个学生经过系统的学习，建立了完备的知识体系。经过对各类知识的思考训练，形成善于发现问题、解决问题的思维方式。这些，对于日后的工作都是大有裨益的。一个高中毕业生，和一个大学毕业生相比，很显然有很大的能力区别。

然而，大学阶段学到的职场工作所需的知识，却是有限的。

大学课堂上的知识，是相关专业领域的规律性知识，而职场中，每天面对的是一个个具体的矛盾和问题。这些问题，无法用规律性知识解决。职场中遇到的问题，我们要结合千变万化的现实环境条件，根据实际情况解决。我们要想拥有强大的工作能力，就需要具备丰富的实践经验。

职场如战场。“纸上的兵法”，和实践中的千变万化，不可同日而语，如果我们是一个只会“纸上谈兵”的赵括，纵然有一肚子兵法，没有真正带兵打仗的经验，走到两军的阵前，只能是中了敌人的圈套，丢了自己的性命不说，还搭上了几十万赵军。

在职场中，不经过实践的磨炼，想着一下就达到什么高度，这是不可能的。在职场，我们需要学习、理解并践行“知行合一”的观点。这对我们的工作和成长大有裨益。

在实践中，我们逐渐掌握解决问题的方法和智慧。“纸上得来终觉浅，绝知此事要躬行。”能够用来解决问题的知识，才是真正有用的知识，能够解决问题的办法，才是真正的智慧。

湖南农业大学的“葡萄教授”石雪晖，是一名博士生导师。平时除了上课，很少能在校园里见到她。她常常是头戴大草帽，脚穿大套鞋，走在田间地头，钻在闷热的葡萄棚里，和农民一起栽种葡萄。在石雪晖眼里，知识只有和田野结合起来，只有化作农业成果，才是真正的科技知识。她常说：“我们不能光在课堂上栽果树，要栽到农村去。成果不能只写在论文里，要写在大地上！”

实践，是一个人最好的老师。果树要栽到农村，成果要写到大地上，知识要用到实践中。我们走出大学校园，就要潜心到基层岗位，在实践中磨炼自己。做到“知行合一”，将书本知识与工作实践紧密结合起来，才能找准成才的立足点和切入点。

学习，使生命更加美好

学习，是一个伴随我们终生的课题。学习，不仅仅是读一本书，还可以是画一幅画，练习一下毛笔字。学习，是在自己兴趣爱好的领域里尽情畅游。学习，可以是锻炼自己的专业水平，掌握一项专业技能，不断提高自己的工作能力。学习，还可以是总结个人成功的经验，失败的教训，不断完善个人的品行素养。

学习，可以提高个人能力，充实精神世界。在学习上，我提倡“七学”的观点，即学而习、学而思、学而用、学而传、学而行、学而修、学而果。

学而习，就是要复习，要温习，要练习。孔子说：“学而时习之，不亦说乎?”学习一种知识，每隔一段时间就拿出来翻看一下，不但能熟练地记住这项知识，还能从中受到启发，产生新的思考和看法。学习一项技能，要不断练习，反复地运用于实践。卖油翁能够熟练地把油从一枚铜钱的眼里倒进葫芦，没有什么秘诀，只是由于熟能生巧。

学而思，就是学习中不能生搬硬套，不能死记硬背，要有思考。思考，是分析知识的前后联系，理解知识与工作的关系。在思考中，做到融会贯通，举一反三，知识才能成为解决问题的工具，成为我们的智慧。

学而用，就是把知识用在实践上。这是学习的根本。把学到的知识用到工作中，知识才变得有用。如果知识只是存在于我们的脑海中，却无法用来解决问题，它则毫无用处。在工作中靠思考获得的知识，才能真正变成自己的能力。

学而传，就是要不断地向大家传授我们自身的东西。学到的知识，如果真的对工作有用，就要与大家分享。一个人学会，只是一份力量，当大家都学会的时候，就多出了许许多多的力量。与此同时，我们在传播知识的过程中，会与周围的人交流，这种交流，也会让我们得到提高。

学而行，就是学到知识要去行动。学到的知识，就要用它来指导自己的工作和生活。如果学的时候觉得很好，但做事情的时候，却仍旧我行我素，不用好的知识和思想来指导自己，那等于是没有学。

学而修，就是在学习中不断提高个人素养，完善个人品行。孔子能做到“七十而从心所欲,不逾矩”，那是因为他不断地用知识来修养自己，完善自己，最终成了理想中的自己。到了七十岁的时候，他的修养已经足够深厚，不管做什么事情，已经不需要再左思右想了，随心去做便能做到最好。

学而果，是说要追求一种好的结果。学习的好坏，要靠实践来检验，要靠结果来证明。学到了知识，就去运用它，用它解决问题。要利用学到的知识，去把事情做到最好，为自己的人生寻求一个好的结果。

除了“七学”，我还提倡“学而乐”，就是说，要用快乐的心态来学习。学习是人一生的事情，如果把学习当作一件快乐的事，那我们的一生就增加了许多快乐，会使我们的生命更加美好起来。

世界上没有坏运气，只有坏习气。好运气总是留给有准备的人。准备了，我们不一定有好运气，但不准备，好运气一定不会光顾我们，这也就是“自助者天助”的含义。

怎样去准备呢？就是不断地学习，用快乐的心态学习。

当今社会，人的时间常常会被生活分割。工作、会友、吃饭、旅游、玩乐……每一件事都需要时间。在时间的缝隙里，我们还抽空看看手机新闻，和朋友圈里的好友聊上几句。

沉下心来学习，需要我们拒绝这些各式各样的诱惑，需要我们拥有强大的定力。当你真的沉下心来，读上一页书，画上几笔画，写上几个毛笔字，你就会发现学习所带来的巨大快乐。这种快乐不同于物质享受，它让你平静，让你的精神变得充实。

有句话叫“活到老，学到老”。我倒觉得可以反过来：“学到老，活到老。”学习，可以让我们的思维保持活力和创造性，可以让我们一直保持年轻的心态，跟上时代的步伐。

曾经为中建五局领导干部讲课的张文台上将，70多岁了，他的学习精神，真让人望尘莫及。

有一次，我们一同坐飞机。在候机室，我给他介绍了中建五局一些情况，他马上掏出笔记本来问我：“哎，你刚才说什么来着？”等我说完，他就在笔记本上记了下来。张文台上将说，他最宝贵的东西是56箱笔记本。他从一个普通工人的孩子，最后成为解放军上将，都是依靠自己努力。正是学习，才成就了今日的他。

用快乐的心态学习，把学习当成一种享受。从学习中体验到宁静，体验到精神的愉悦，体验到生命的美好。用快乐的心态学习，把学习当成一个习惯，放低自己，向身边的人学习，向历史学习，向智者学习。在学习中不断完善自己的知识，完善自己的人格。用快乐的心态学习，把学习当成生活的一部分，不去刻意地选择时间、地点，不去在意自己处于人生哪个阶段，做到终生学习。

本章后记

外因是变化的条件，内因才是变化的根据。大家要想尽快地成长，必须不断加强自身的修炼，学会在职场中学习。在职场中，用快乐的心态，向实践学习，向他人学习，总结自己的不足，多读书，活读书，在有限的生命里，挖一口属于自己的“井”。时间变化是非常快的，如果不以“只争朝夕”的态度来规划、度过我们的一生，那么将来我们就会变成一个碌碌无为的人。

第七章　职场需要工匠精神

不知从什么时候起，我们的社会逐渐变得浮躁起来，似乎一切只追求快，追求多。为了早收获一些果实，农业生产用上了催熟剂。服装、玩具等行业的商家一味追求利益，降低成本，生产劣质产品。大家似乎忘记了追求一个“好”字。浮躁的社会里，不少职场中人也跟着浮躁起来，对工作没有兴趣，做不到爱岗敬业，无法沉下心来工作，工作成了办差，要么应付了事，要么频繁跳槽，祖先们最宝贵的工匠精神正渐渐丧失。

工匠精神，浮华世界中的坚守

当今社会，工匠精神似乎离我们有点遥远。

提起工匠精神，大家首先想起的是瑞士出产的精工手表，德国先进的现代工业产品。工匠精神似乎已经成为西方高端工业的代名词。可我们不应该忘记，工匠精神，也是中华文明的重要组成部分。

中华文明的历史深处，工匠精神一直熠熠闪光。在五千年的历史长河里，一个个精益求精的匠人，手拿雕刻刀，精心雕琢着玉器，默默点画着木梁石壁。这份看似遥远的工匠精神，一直在伴随着我们。

古代中国的匠人们怀抱工匠精神，创造了无数让世界惊羡的作品。元代的青花瓷，釉质透明如水，胎体质薄轻巧，蓝色的纹饰清新素雅，至今仍是中华文化的代表；山西应县的木塔，穿越千年的时光，历经地震、战乱、雷劈至今仍屹立不倒；河北赵县的赵州桥，从隋朝至今，已经历经1400多年的风风雨雨，依然横跨在河面上，迎送往来的人们，成为当今世界现存最早、保存最完整的古代单孔敞肩石桥。

瓷器、丝绸、雕刻、铸造、建筑……在一件件精美绝伦的物品中，古代中国的匠人倾注了自己的心血和智慧，让它们历经千年，仍然散发着美的光彩。千百年来，中华民族的手工匠人，正是用这种匠精神，传承着灿烂的中华文明。

然而在现代职场，这种踏实钻研、精益求精的工匠精神却越来越稀少。为了获得更多的利润，一些企业偷工减料，生产劣质产品。先不说房屋、道路的建设能否全部达标，即使在事关人的生命健康的食品领域，假冒伪劣，一样泛滥。

这种毫无底线，泛滥成灾的“市侩精神”，不仅损害了大众的利益，也给当下社会经济带来了难以估量的损失。粗制滥造的后果，是国人越来越不信任国内生产的产品，越来越多的人转而到国外进行购物：奶粉、大米，甚至一个马桶盖都要到国外抢购。

一个民族文化的延续，离不开工匠精神。它需要每一个人在职业岗位上承继发展。

中央电视台播出的系列节目“大国工匠”，讲述了8个身处各个行业的工匠。他们不是领导，不是名人，只是一线的普通技术人员，但是在某个领域他们都拥有顶尖水准的技术。有一个名叫孟剑锋的国家高级工艺美术技师，用精湛的錾刻工艺设计制作出了纯银丝巾果盘。在北京APEC期间，我国将其作为礼物送给各国元首。

一个丝巾果盘，孟剑锋需要进行上百万次细致的敲击，无数次尝试才能精心制作完成。每一个果盘的制作都离不开孟剑锋的耐心、细致，还有那份不断超越自我的执着。这种对产品品质的极致追求，以及全身心投入的使命感，正是渐渐稀少的工匠精神。

这种精神，是匠人们在浮华世界中一份倔强的坚守，如珍珠般光洁，如玉石般珍贵。

这种职业精神，是一个人对工作精益求精的执着，对岗位坚定不移的忠诚，对事业永无止境的追求。这种职业精神，是一个企业不断提升产品的创新意识，是为消费者负责的担当意识。工匠精神，是一个国家和民族不断发展进步，永远站在世界前端的根基。

现如今，不少职场中人只看到当下的利益得失，稍有不如意便跳槽辞职。殊不知，职场的发展，是潜心积累的结果，是对事业不断追求的结果，是在某一个领域坚守的结果。坚守一个领域，用工匠精神一直钻研、积累，你就可以走到这个领域的顶端，成为不可替代的人。

一个职场中人，把自己的工作做到极致，成为一个领域的领先者，自然就会赢得更大的发展；一个企业，把产品做到最好，赢得了市场，自然会不断壮大；一个国家，每个人都致力于做好每一件事情，这个民族会永远走在世界各民族的前列。

当今社会，我们应该重拾工匠精神，承继这份古老的东方智慧，为民族工业的发展注入新的活力。

有人说，我的工作很普通，不需要那种精雕细琢的工匠精神。其实，工匠精神没有那么遥远，也没有那么神秘，它可以渗透在每一个人的工作中。在我看来，敬业乐业、精益求精是工匠精神的灵魂。在日常工作中，做到这些，我们便向工匠精神靠近了一步。

办事还是办差?

王明大学毕业后，进入一家报社当了记者。刚进入单位时，对工作热情积极，不断获得各种荣誉称号。王明日日奔波采访，夜夜挑灯写稿，慢慢的，他开始厌倦这份工作。采访、写稿，变成一份被迫完成的差使。在王明看来，工作就是办差，得过且过，只要按时完成就行了。

如同王明那样，对工作没兴趣，是一些职场中人的常见心态。于是，有的人为了那份薪水，敷衍应付，用办差而不是办事的心态来对待工作。

把工作当成办差，相当于自己每天惩罚自己。这种心态是万万要不得的。试想：每天在别人的逼迫下，忍耐着内心的厌倦，却又要投入体力精力，去做自己不愿意、不喜欢的事情，这该是一件多么痛苦的事!除了自己痛苦，这样的心态对工作也是毫无益处。

每年大学生毕业的季节，中建五局都会接收大量的毕业生，统一军训、培训、安排岗位，成为企业的一员。可是，一年、两年过去后，这些青年员工的差距越来越大。

那些抱怨工作、得过且过的人，即使跳槽，也依然找不到满意的岗位。那些在岗位上成绩平平的人，很难得到更高的发展机会。对工作充满热情的人，则会被列为重点培养的对象，进入良性发展通道，日渐成为单位的中坚力量。

办事，还是办差？只有一个字的差距，但这个差距是工作态度的差距，是发展结果的不同。每一个大学毕业生，在职场起点上，自身的能力素质差别都不会太大，可在发展中，差距一天天便显示出来。

用办事的心态对待工作，就要热爱工作，以快乐的心态工作。有一位设计大师说，一定要有趣味地工作，主动寻找工作中的乐趣，培养对工作的感情，把工作当成一种享受，而不能把工作当成一种差事。俗话说："兴趣是最好的老师。"只有对一件事情感兴趣，你才会充分调动自己的智慧，出色地完成工作任务。

在四川西昌，有一个名叫殷显树的高山巡线工，可以说他干着最艰苦、最枯燥的工作。他每天的任务，就是翻山越岭，从山脚爬到山巅，从山巅再翻到另外一座山，沿着高压电线奔走，检查高山线路有没有被鸟屎覆盖，有没有出现故障，以防止电线短路停电。

那些山海拔4000多米。一山有四季：山脚温暖如春，山腰处可能就遭到一场瓢泼大雨，山顶气温极低，处处积雪覆盖。一身衣服干了湿，湿了干。空旷的大山里，寂静无人，只有他的脚步声。

在不少人眼里，这是一个毫无乐趣的工作。可是，在这条艰苦的高山线路上，殷显树工作了二十余年，而且充满了兴趣，甘之若饴。殷显树是用一种快乐的心情工作，是用一份热情在工作。

在职场，一个人对工作提不起兴趣，有两种情况。

一种情况是，本身就干着自己不喜欢的工作，工作的内容和本人的爱好大相径庭。比如一个爱好文学的人做会计，一个喜欢编程的人做项目工长，怎么也不可能喜欢自己的工作。

另一种情况是，如前面提到的王明一样，工作一段时间后，所在岗位的工作已经基本熟练，工作的新鲜感逐渐消失。此外，由于长期干着相似的工作，没有新意，没有挑战，结果对工作逐渐失去了兴趣。

职场中，第二种情况的人较多。现如今，社会分工越来越精细，每一个人都像一颗螺丝钉，钉在一个固定的位置上，日日不停地旋转。

有的人日复一日地写文件，那些话语都能背得出来；有的人日复一日地编程序，整天面对密密麻麻的代码符号；有的人日复一日地推销产品，永无尽头……重复的工作，让不少职场中人难以真心接受和喜爱。

我的建议是：如果你是第一种情况，干的是自己不喜欢的工作，那就认真思考一下，自己最擅长什么，最适合什么；如果自己的兴趣爱好和当下的工作相差甚远，那就果断地调整岗位，或者调整工作单位。

如果你是第二种情况，那就转变心态，找到工作中新的兴趣点。在重复的工作中，经常给自己找点新内容，刺激一下麻木的神经。比如帮同事一个忙，或者去另外一个岗位上体验一下新的工作。这样我们不仅能学到一点新知识，别人说不定还会感谢我们。

不断给自己设置一点小目标，设置一点挑战。比如，昨天你是用三个小时写完一篇稿子，那你今天就用两个小时写完一篇稿子。完成这个目标，奖励自己一杯热气腾腾的咖啡。或者为自己设计一个长远的目标，然后往这个方向努力。把日常工作和这一长远目标结合起来，就有了新的动力。

工作，需要一份热爱，一份坚守，一颗恒定的心。我们要用办事的心态来工作，把工作当成自己的事情，而不是用办差的、应付的心态来工作。用办事的心态看待工作，做一名敬业、乐业的员工，我们就能从工作中看到自己的价值，从时光的流逝中，看到自己的成长。

人与人的差距只有那么一点儿

张亮和李峰学的是同一个专业，同时从名牌大学毕业，进入了同一个部门。但是，一年后，李峰升任为小组长，而张亮却还在原来的岗位。张亮心里有点不甘心，他找到部门主管询问此事。

部门主管知道了张亮的心思，没有和张亮解释什么，而是把过去一年的上班打卡记录拿了出来，让张亮看。张亮翻到李峰的打卡记录，发现在过去一年里，李峰几乎每天早上提前一小时到办公室，下班后比别人晚走一个小时。李峰为什么这么做呢？

部门主管告诉张亮，每天早晨来，李峰都提前到办公室，把电脑、打印机、传真机打开，为一天的工作做准备。下班后，又把所有的电源关上，整理好办公室里的报纸和书籍，倒掉垃圾，才最后一个离开。

部门主管说，大家平时工作中表现相似，可从这些小事中，可以看出李峰是一个勤奋、做事认真而且有毅力的人。此外，他和同事们相处友好，受到大家的喜欢，更能胜任小组长的工作。

人与人之间的差距，常常只有那么一点。这一点差距，看似微小，其实相距很远。这一点差距，是比别人多一分努力，多付出一滴汗水，多一点认真，多一点思考与智慧。因此，事情也就做得更加完美。

李峰把单位的事当成自己的事做，别人做到的他能做到，别人做不到的，他也能做到。而单位里，有的人是被动工作：领导说一句，他做一点儿；领导不说，他就一点儿也不做。

在短时间里，领导不一定马上就能分辨出谁付出的多一些，谁付出的少一些。这时大家的收入差不太多，好像少付出一些的人占了便宜，多付出一些的人吃了亏。但是，从一个较长的时间段来考察，大家总能看出到底谁付出的更多一些。

京东创始人刘强东说：“我有一辈子不会改变的信仰。”我爸爸跟我说过一句话：“你比别人多流一滴汗，就比别人多一分机会！”每一个成功的人，背后多付出的不仅仅是一滴汗，而是多过常人数倍的辛劳。

当你羡慕马云、刘强东抓住互联网发展的机会，创建阿里巴巴、京东商城，如今可以轻松日进斗金的时候，你可能不知道，他们曾经面临着功亏一篑的危险，四处奔走融资，坚守着这份当时看来似乎没有希望的事业。

不要害怕付出，因为总有一天，我们的付出会得到更多的回报。多流一滴汗，我们便会发现更多的机会，创造更大的成绩。多流一滴汗，我们就有可能创造奇迹。

岗位无大小，工作无小事

张三和李四同时受雇于一家店铺，拿同样的薪水。一段时间后，张三青云直上，李四却原地踏步。李四想不通，有一天他找到老板问个究竟。

老板就对他说："你现在到集市上去一下，看看今天早上有卖土豆的吗？"一会儿，李四回来汇报："只有一个农民拉了一车土豆在卖。""有多少？"老板又问。李四没有问过，于是赶紧又跑到集上，然后回来告诉老板："一共40袋土豆。""价格呢？""您没有叫我打听价格。”李四委屈地辩解。

老板又把张三叫来，提了同样的要求，问了同样的问题。张三很快就从集市上回来了，他一口气向老板汇报说：“今天集市上只有一个农民卖土豆，一共40袋，价格是两毛五分钱一斤。我看了一下，这些土豆的质量不错，价格也便宜，于是顺便带回来几个让您看看。”

张三边说边从提包里拿出土豆：“我想这么便宜的土豆一定可以挣钱。根据我们以往的销量，40袋土豆在一个星期左右就可以全部卖掉。而且，咱们全部买下还可以再优惠一些。所以，我把那个农民也带来了，他现在正在外面等您回话呢……”

这个故事，讲述了两个员工截然不同的工作方法。这种不同的工作方法也带来了不同的结果：一个快速升职加薪，一个原地踏步。

李四做事亦步亦趋，领导推一下，他就走一步。张三善于思考，他站在企业的角度，去考虑工作任务。

现实中，我们每个人都渴望在职场顺利发展，获得更多的收入，升入更高的职位，得到更多人的尊重和支持。可是，我们都能像张三那样买好土豆吗？每天都能买好吗？次次都能买好吗？　这些问题的答案在于，我们在工作中是不是多一份思考，多一份创造。

有不少人看不起诸如买土豆这样的小事，认为这样的事情难以给自己带来什么价值，而且对个人的成长也毫无用处，总是梦想着去做那些惊天动地的大事，最好能够一举成名。殊不知，工作并无大小之分。

世界上的万事万物都紧密相连，一件简单的事情，如果你认真思考，就会发现它和整体的利益紧密相连。要找出背后的那些联系，站在一个部门、一个单位整体利益的角度去做事情，从而获得巨大的成长。

就如买土豆这么简单的事情，张三看到了土豆的质量、价格和经营效益，他把这些看起来似乎和他的工作无关的事情，都考虑到了自己的工作里。在张三眼中，这些都和企业整体利益相关，他在自己的岗位上，想到了高于他的职责的事情，也因此得到了更多的发展机会。

工作没有标准答案，如果能够多一份思考，多一份创造，任何一个工作岗位，都可以变成发挥个人聪明才智的平台，变成实现个人价值的平台。只有创造性地工作，才能尽快成长。

很多人也希望把工作做好，但为什么达不到“创造性”的标准呢？这取决于个人的工作状态，对工作是消极应付还是积极主动，是安于现状还是努力进取，是墨守成规还是富有创见。

我建议青年人在“工作”二字的前面都加上一个“创造性”的修饰词，这样，才能焕发出一种生机、一种激情、一种使命感，才能充分发挥出自己的聪明才智。我们只有真正做到创造性地工作，才能比别人成长得更快。

输赢，在于谁能多走几步路

生活中，多走一步路，我们的身体就多一份健康。职场中，多走一步路，我们就可能到达成功的顶峰。

职场之路如同爬山。几个人初踏上盘旋的山路，精力充沛，意气风发，看到沿途绿意盎然的风景，顿时豪气万丈。他们爬到半山腰的时候，就变得气喘吁吁。此时峰顶就在眼前，只能坚持往上爬。

最艰难的，是快到峰顶的时候。山路越发陡峭。有的人渐渐体力不支，双腿发软；有的人可能会选择停下来休息一下，或者咬牙往前一步一步地挪动；有的人疲惫不堪，不得不放弃攀登。职场之路，难就难在通往山顶的最后一段路途。输赢，也在这段路上。

我们多走一步，就多一分胜利的机会。

西汉文学家刘向编订的《战国策》中有一段话写道："《诗》云：'行百里者半于九十。'此言末路之难也。"意思就是说，做事情，愈接近成功愈困难。

当我们在最困难的时候，再多走一步路，就可能胜利。如果每次都走九十九步，最后一步老不走，就没有可能成功，前面所有的努力也就白费了。偷这一次懒，就丢掉了一次成功的机会。

创业，可以说是当下社会最热门的话题。可是，有人统计过，有超过一半的创业公司在融资100万美元之前就倒闭了，70%的创业公司在融资500万美元前破产。有很多创业者没有坚持走完最后的几步路。

很多成功人士，在事业成长的过程中，都曾遭遇过“命悬一线”的困境。有的人坚持了下来，多走了一步路，就成功了；有的人放弃了，从此一蹶不振。

如今，靠门户网站、QQ、微信撑起互联网半壁江山的马化腾，当初在创业的时候，曾经因为付不起QQ的服务器托管费，几乎要卖掉QQ。可他坚持走出最后一步，寻找到美国国际数据集团IDG和香港电讯盈科公司，融到了220万美元的资金。拿到了这笔融资， QQ存活了下来，才成就了今日涉足新闻、视频、游戏、娱乐等多个领域的腾讯帝国。如果马化腾当时不再坚持走一步，QQ的命运就很难说了。

李嘉诚在创业初期，创办了一个生产塑胶花的小厂。因为急于扩大生产，产品出现积压，资金周转不灵，他面临着破产的危机。朋友们劝李嘉诚把厂子卖掉还债，重新为别人做工，如果受到老板的赏识，事业能重新发展。可李嘉诚不愿意这样做，坚持要自己做下去。于是他背着产品，几乎跑遍了香港，拜访了上百个代理商，终于拿到了一笔订金，才由此渡过难关。

当你遇到重重困难，而前景又不那么光明的时候，每多走一步路，都是一件很艰难的事情，因为我们每走一步都会承受着巨大的压力，承受内心的煎熬。如同赛跑，到最后阶段，大家比拼的就是谁能多走一步，谁能坚持的时间再长一点。

只有在困境中不屈服的人，才有成功的可能。遇到困难时多一分坚持，多走一步路，我们才有机会领略到顶峰的无限风光。

尽力便是最好

在职场，我提倡一个“忠”字。

有的人，一看见“忠”字，就想起了封建社会中，一群效忠于皇帝的大臣，匍匐跪拜，阿谀奉承。我这里说的忠，不是封建社会里的忠，而是一种人生态度，是处理自己与家庭、他人、企业、国家等各种关系的一种行为方式。

忠，是为人正直，诚恳厚道。忠，是对工作的尽心尽力。忠，是一份责任心。我们不管是对待家人，和朋友相处共事，还是对待自己的工作，都要做到“尽心尽力”。我们对每一件事，都要付出最大的时间和精力处理，寻找到最好的解决办法，达到最好的结果。

《把信送给加西亚》一书，位于世界最畅销书籍排行榜第六名，全球超过8亿人阅读。这本书只讲了一个简单的故事。

美西战争中，美方急切地希望得到有关情报。美方总统写了一封信，需要送给古巴盟军一名叫加西亚的将领。但是，没有人知道加西亚将军在哪里，也没有人知道沿途环境的恶劣程度。这封信关系着美西战争的胜败，必须如期送达。这项危险又重要的任务，交给了罗文中尉。

接到任务后，罗文中尉什么条件也没提，就独自出发了。他渡过波涛汹涌的大海，穿过阳光灼热的丛林，越过遍布敌人的战区，历经哨兵的盘问、敌人间谍的谋杀，随时都可能被捕，失去生命。可是，罗文中尉却从未退缩和放弃。他克服无数艰难险阻，最终找到了加西亚将军，把信交到了他的手中，完成了这项艰巨的任务。

这个故事，不是一个剧本，也不是一个传说，而是历史上一个真实故事。故事的主角安德鲁·罗文毕业于西点军校，完成这次任务之后，被授予杰出军人勋章。当罗文的故事传开，他迅速成为被政府、军队、企业以及各类组织所推崇的榜样。

罗文那份心系国家安危的使命感，全心全意、无条件完成任务的进取精神，明知前途艰险却毫不退缩的勇气，以及誓死都要守护承诺的忠诚，让他受到亿万人的崇敬。

“忠诚”两个字，放到职场，就是敬业，对职业和岗位的尽心尽力。

在一个企业工作，就要忠于职守、热爱岗位。这也是忠于我们自己、忠于我们的人生。左顾右盼，我们就会丧失很多机会。患得患失，换来的很大可能是失败。所以，在位一天，就要忠诚企业一天。

中建八局一公司有个叫刘全海的员工，在建设援藏工程时，承担了把施工现场急需的外墙涂料的外加剂从重庆运输到西藏日喀则去的任务。他本来途经拉萨可以休息一个晚上，但为了确保工期，他放弃了休息，连续八天八夜，穿行在世界上海拔最高、最险的山路，把外加剂如期运达现场，完成了任务。

是什么支撑刘全海这么做？是他对岗位的忠诚。

一个人能不能做成事情，他的使命感和责任心是非常重要的。如果我们缺乏责任心，心里抱着犹豫、退缩的态度，不仅自己工作得很辛苦，而且往往工作效率低下。中建五局提倡“基层用力工作、中层用心工作、高层用命工作”。这个“命”其实就是一种使命感，要把工作责任融合到生命中去。

有了使命感，有了忠诚和敬业精神，我们才会最大限度地付出自己的勤奋、才智，才会在遇到困难的时候，迸发出坚韧不拔的意志和无所畏惧的精神，我们才会最终做成事，做好事，也才能越来越靠近工匠精神。

本章后记

工匠精神，是中华民族传统文化的沉淀。在当今社会，它应该成为每一个职场中人坚守的职业精神。工匠精神没有那么高深，敬业乐业、精益求精就是工匠精神的灵魂。在岗位上，我们要做一个敬业乐业的员工，热爱自己的工作，对工作多一份思考，多一份创造，把工作做得更好。工作中，我们还要多一份坚持。我们比别人多走一步路，就多一分成功。在自己的岗位上，忠诚认真，精益求精，追求极致，成为一个领域的领先者，我们的事业自然就能获得更大的发展。

第八章　别踢开成长的“垫脚石”

职场，有风光无限的名利，也有默默无闻的付出。有顺利完成任务的快乐，也有身处困境的无奈。有和家人团聚的幸福，也有抛家别子的孤独……职场，既有坦途，又有山路，不会一帆风顺。困难和责任，才是职场中的常态。面对困难和责任，我们是逃避，还是勇敢面对？

工作和安家，该如何平衡?

小张，土木工程专业毕业后，从事道路桥梁的修建工作。项目大都位于深山野外、人迹罕至的地方，一开工，小张就常常在野外驻扎一年半载。看着一条条道路通车，一座座桥梁建成，小张很自豪。可是，慢慢的，他开始有点着急了。

小张已经28岁了，他的同龄人，不少都已经结婚成家。没有结婚的，也是成双入对。年底同学聚会时，就他一个还是单身汉。想想自己的工作，居无定所不说，身边的同事还都是大老爷们儿，上哪儿找到合适的对象？小张审视自己的工作，开始有些动摇了：是不是要为自己的婚姻大事，换一个工作才好?

小张的烦恼，具有一定的行业特点。安家置业的难题，在建筑、铁路、工程、海运等领域普遍存在。这些行业的员工，大都常年工作在外，加上女同事相对较少，有的工作几年了也找不到女朋友。另一方面，即使有女朋友，也是聚少离多，婚姻大事迟迟得不到解决。工作和安家，成了他们无法平衡的难题。

我多年从事建筑工作，对此有深刻的感受。在这儿谈一谈我的看法。首先，安家置业是关系着一个人幸福的大问题，应予以重视。

从关心员工的角度，我提倡这些行业单位的工会，利用互联网平台，为青年员工多提供交友的机会。现在互联网这么发达，手机随时可以聊天，可以视频，方便了青年人之间的互相了解。

从工作的角度，我们可以从多个方面来考虑安家置业的问题。

工程施工人员，每日奔波在野外，劳累辛苦不说，还远离家庭，忍受着对亲人的思念。可是，任何事情都有两面性。作为一名施工人员，每当看到一条崭新的路从荒芜的野外伸向远处，一条幽深的隧道穿越高山，心里涌起的那种成就感，也是其他行业所难以给予的。而这种成就感，是一种更大的收获。

在安家置业的困难面前，我想提倡一下奉献精神。不论哪个时代，要想做成一点事儿，都需要一些奉献精神。社会要发展，总是需要一些人、一些岗位，去做一些奉献。

曾经，河南林县是一个严重干旱缺水的地方，全县有96%的地区是光秃秃的山岭。为了改变这种情况，当地人挖山开石，削平了1250座山头，架设了152座渡槽，开凿了211个隧洞，挖砌土石达1515万立方米，历时近十年修建了全长70.6千米的红旗渠总干渠。这项工程，被周恩来总理称为新中国两大奇迹之一。

这么一个浩大的工程，在修建的时候，条件却无比简陋。没有东西吃，大家就挖野菜；没有地方住，大家就住在山崖下，睡在石板上；没有地方办公，大家就用几块破布拼成了一个指挥部；没有材料，不懂技术，大家就临时找来懂得一些相关技术的人，自己研究爆破、石灰、水泥。

红旗渠建成后，“自力更生，艰苦创业，团结协作，无私奉献”的红旗渠精神，迅速传遍全国。然而，随着社会经济的发展，物质财富越来越丰富的今天，有不少年轻人已不知道什么叫“红旗渠精神”。

今天，我们依然需要一些“红旗渠精神”。

在大多数行业，都会有一些相对艰苦的岗位，需要员工付出更多的劳动。还有一些特殊的行业，更是需要员工服从整体的利益，为整体目标的实现牺牲自己。有时候，这些行业和岗位甚至关系着整个经济的发展、社会的进步、国家的安全。这些岗位上的员工，都需要拥有一定的奉献精神。

没有国，哪有家！没有整个社会的发展，哪有个人的发展！只有有人愿意默默地奉献自己，经济才能顺利发展，大家才会过上好日子。如果大家都不愿意吃苦，那些艰苦的工作就没有人来做，整个社会谈何发展！正是有了少数人的奉献，整个社会、国家、民族才能发展和进步。他们奉献的价值，在更大的地方得到了实现。

新中国成立后，钱学森、邓稼先、钱三强等科学家，放弃优越的生活和待遇，别妻离子，钻到大漠里，研究出 “两弹一星”，让西方强国对中国不得不退让三分。他们的付出是难以用金钱衡量的。他们的民族大义，他们做出的奉献，会被中华民族的世世代代铭记。

从古至今奉献都是一种崇高的民族精神。鲁迅先生曾经说过，中华民族自古以来就有埋头苦干的人，就有拼命硬干的人，就有舍身求法的人，就有为民请命的人……他们是中国的脊梁。正是他们的默默奉献，中华文明才历经劫难却生生不息，传承至今。

当然，在当今社会，已经不再要求大家只讲奉献不讲回报，而是寻求付出和收获的平衡。企业不会让个人白白地去做出牺牲。我们付出得越多，得到的也越多。一个青年员工，职场的第一个十年，正是积累工作经验，积攒发展资本的十年，牺牲得越多，就成长得越快，也将会得到更多的发展机遇。从长远来看，我们的奉献一定会得到相应的回报。

面对安家置业的难题，除了集体和个人利用各种渠道积极解决以外，一个身处其中的青年人，要把这个困难当成成长的“垫脚石”，拿出一些奉献精神。在奉献中，为自己积累更大发展的资本，等待更大发展的机遇。

珍惜困难

困难给了我们机会

困难使我们一路走来一路歌

我们为困难而生

我们为战胜困难而奋斗着

困难使我们有事可做

困难充实了我们的生活

困难使我们享受着酸甜苦辣

困难使我们痛苦更使我们快乐

让我们为困难而欢呼

让我们为战胜困难而放声唱歌

这首《困难歌》是我写给时任中建五局辽宁公司总经理刘畋同志的生日贺词，勉励他和同事们迎难而上。

职场中，我们有可能遇到很多困难。遇到困难，我们要有战胜困难的勇气和激情。人在职场，就是为了解决问题，战胜困难。因为有了困难，我们就终于有困难、有难题可以克服了。对待困难，要有这种心态。

就如这首《困难歌》里所写的，大家遇到困难，不要被困难吓倒，我们就是为困难而生的！我们一旦解决了这个困难，就积累了经验，增强了能力。

中建五局承建的川藏公路雀儿山隧道项目，全长7048米，海拔高度4377米，是世界上海拔最高的高速公路隧道，也是四川省和全国的重点工程。公司选任李涛担任总工程师。由于他比较年轻，不少人心里替他捏把汗。

面对难关，年轻的李涛没有犹豫退却。

在雀儿山施工的有效工期只有三个月。零下二十度以下的天气长达几个月时间。低气压和缺氧造成设备发动机故障率高，受损严重。生活上物质缺乏，蔬菜都要从成都拉上来的，水果更是稀有。此外，高原空气稀薄，极度缺氧，员工要么是睡不着，要么一睡就害怕醒不来。

在雀儿山这种极端困难的环境中，李涛与项目部成员一起，把挫折和困难当成机遇和挑战，把战胜困难当作自我提升和磨炼的机遇，圆满完成了施工建设。后来，项目部由于业绩出色，被评为“全国工人先锋号”，得到了各级领导的肯定和赞扬。这个项目，成为李涛职业生涯中辉煌的一笔。

困难，往往是一个人成长的“垫脚石”。正是有了困难，才能激发出我们在平凡工作中所没有的潜力。战胜一次困难，我们也就得到了一次成长。

在面对困难的时候，我们要看到积极的因素，有了积极的心态才能坚持下去。在面对困难的时候，我们要有意识地增加磨炼，把逆境当作对人生的考验。

记得我刚任中建五局局长的时候，有一天，我办公桌上放了七张传票，全是法院给我的。这种阵势我可是第一次见啊！没关系，你传我，我是个集体，我积极应对就是了！然后，该讲理就讲理，该执法就执法！事情都是有很多客观原因的，最终也都能解决。十年过去了，中建五局实现了跨越式转变，而我和同事们也在战胜困难，共同发展的同时，见证了自身的实力，实现了我们的价值。

如果你遇到了难题，一定要珍惜这个能够让人长本事的机会。你有这样的心态，才有可能把事情解决掉。现在有很多同志遇到难题赶紧躲，殊不知丢掉了一次成长进步的机会。

在遇到困难的时候，一定不能放弃自己的目标，要相信阳光总在风雨后。既然命里终有一劫，那我们就应该去面对、去接受，用这种心态坚持下去。如果面对困难退缩了，那就什么都没有了。“无限风光在险峰。”只有跨越和克服了险阻，才能领略到收获的美妙。

承责愈多，成长愈快

在一个企业里，员工一般可以分为三种。一是“先知先觉型”。这类型的员工自动自发地工作，把工作当作享受。二是“后知后觉型”。这类型的员工是为老板而工作，被动应付，你给我多少钱，我就给你干多少事。三是“不知不觉型”。这类型的员工浑浑噩噩，对工作敷衍塞责，潦草应付。

工作中，大家会遇到各式各样的责任。当需要承担责任的时候，“先知先觉型“的员工常常主动去承担责任，“后知后觉型”的员工往往在领导的命令指挥下承担责任，而“不知不觉型”的员工，常常推脱责任，尽可能逃避责任。

责任是一个人成长的试金石。记得美国前总统林肯说过：“每一个人都应该有这样的信心：人所能负的责任，我必能负；人所不能负的责任，我亦能负。如此，我们才能磨炼自己，求得更高的知识而进入更高的境界。”

责任，蕴藏着前所未知的风险，潜藏着前所未有的挑战。同样，责任也带来了挑战，给了我们磨炼自己的机会。有些人怕负责，有了事就躲开，却也因此失去了成长和进步的机会。

2008年5月中旬，在中建五局土木公司承建的一个叫长沙营盘路年嘉湖隧道的项目，施工现场出现了紧急情况，临时更换了总指挥。当时，年嘉湖隧道全长1.88千米，投资5亿多元的工程只完成了3亿余元，还有2亿多元的工程量。根据政府要求，这个工程完成通车的时间只剩下两个多月。

土木公司把这个任务交给了总工程师旷庆华，让他担任年嘉湖隧道工程现场总指挥。接到这个任务时，旷庆华心里很清楚这个任务的难度，可是，他没有讲任何条件，而是做出了到期通车的承诺。

年嘉湖隧道工程时间紧，任务重，责任大，在中建五局的历史上前所未有。为了完成这个艰巨的任务，在长沙最热的六七月份，旷庆华一天到晚“闷”在隧道基槽、箱体中，战斗在施工一线。由于超负荷工作，叶庆华的身体出现了严重溃疡，十个脚趾全被汗水泡烂。开工以来，旷庆华写了两本16开的笔记，每天至少沿工地走五个来回。到竣工时，旷庆华穿烂了五双球鞋。

年嘉湖隧道按期完成，创建了国内同类型、同规模隧道建设奇迹。年嘉湖隧道工程让旷庆华“一战成名”，他之后升任土木公司总经理，并在2012年获得全国五一劳动奖章和2012年度鲁班奖工程项目经理荣誉证书。

承担责任，往往要承担一定的风险。在战胜困难，完成责任的过程中，我们的能力也得到了检验，从中获得了成长。这些，都是以后我们承担更重要任务的“证书”。没有哪个领导敢把重要的岗位交给一个没有责任感、没有承担过重大责任的人。

主动承担责任，是成长进步的金钥匙。主动担责的人，表面上是为单位做了贡献，其实收获最大的还是他们自己。每承担一次责任，你就往自己的人生银行里存入了一笔财富。天长日久，你就是收获最大、成长最快的人。

本章后记

职场，不会一帆风顺。我们总是会遇到大大小小的困难。这些难题，不是阻碍我们前进的“绊脚石”，而是促进我们成长的“垫脚石”。当我们战胜困难之后，我们就前进了一大步。遇到困难，拿出一点奉献精神，拿出一点战胜困难的勇气和激情，勇于承担责任，我们就找到了打开职场成功大门的金钥匙。

第九章　建设职业人生的高楼大厦

人生苦短，一个人从生到死，长不过百年。人生最美好的事情，是拥有梦想。当我们步入职场，把梦想一步步变为现实，恰若修建一座金碧辉煌的高楼大厦。建设一座高楼大厦实属不易。确定建设地址，绘制图纸，为大楼打下基础，开工建造，验收校验，每一步都关乎最后的建设成果。这个过程和人生又何其相似！建设人生的高楼大厦，我们同样也要做好选址、绘图、打基础、建造和校验这五个方面的工作。

选址：做好职场的开篇布局

一个建筑，在动工之前，有一个重要的步骤就是选址。选一个好的地址，这个建筑就更适宜人的生活、居住，具有良好的使用价值。如果选不好地址，不管这个建筑多么完美，可能都无法适宜人的工作、生活，只能说是一个失败的建筑。

选址，讲究与环境的和谐。比如，古代为都城选址，要选在开阔的平原，以利于城市的规划布局，便于交通和农业的发展；在都城的四周，还要水源充足，以满足都城居民的生活用水；还要有山环绕，便于防守。

与建筑同样的道理，人生的高楼大厦，在动工之前，首先也要为自己选一个适宜的场地。如同下棋，开盘先要布好局。

人生这盘棋，如果没有好的布局，想下赢很难。作为一个刚走上社会的学生，在企业前三年左右的时间，属于布局的阶段。这个时候，要思考一下自己想要什么，想要做个什么样的人。然后，为自己选一个地方，选一个甘愿为之奋斗、拼搏的地方。

现代社会为大家提供了丰富多彩的舞台。你可以到政府机关，当一名收入稳定的公务员，可以到学校，做一名教书育人、桃李满天下的教师，可以到媒体去，做一名四处奔波、见多识广的记者，还可以到农村去，做一个与蔬菜、牛羊打交道的农场主……选择了一份职业，就等于为自己的人生选好了建筑地址。

选择建筑地址，要看这个地方是否和建筑的功能相适应。比如住宅，不能建在泥石流等自然灾害多发区，还要阳光充足，通风良好，有利于人体健康。商业店面在选址的时候，则要看是否有利于经营，像星巴克、肯德基、麦当劳等，甚至有一本厚厚的选址详细手册。在这些餐饮企业眼里，选址决定着这家店面的效益，甚至事关生死。

选择职业，也要看看这个职业是否适合自己。

有的学生在高考中脱颖而出考上大学，但面临专业选择的时候却很迷茫，看到社会上什么专业热门就选什么，看到什么专业好找工作就选什么。结果，选择的专业并不是自己喜欢的。

等到进入校园，面对不喜欢的专业，怎么也无法认真学习。逃课、打游戏，浑浑噩噩地度过大学四年，浪费了青春年华。到毕业的时候，又陷入了新的迷茫，不知道自己适合什么，不知道自己应该做什么。

选择适合自己的职业，需要先清晰地认识自己。

在“泛希腊圣地”德尔斐的智慧神庙上，镌刻着一句古老的箴言：

"认识你自己。"老子在《道德经》中讲："知人者智，自知者明。"他的意思是说，能够透彻了解别人思想行为的人确实聪慧，能够正确认识自身的长短优劣的人确实最为明智。

认识自我并不比认识世界更容易。我们这一生要做什么，能做什么，适合在哪个地方，一定要想清楚，认真分析透。

一个花园里，玫瑰花的花朵娇艳欲滴，而苹果树无论怎么努力，也只能开出淡粉色的、单薄的小花，二者在开花上不能相提并论。可是，到了秋天，苹果树收获了又大又甜的苹果，在这一点，玫瑰花也只能黯然失色。

每一个人都有着不同的性格特征，不同的才能。有的人外向，适合社交型工作；有的人性格内向，适合做细致型的工作。就如苹果树和玫瑰花：苹果树有苹果树的特长，玫瑰花有玫瑰花的使命。找到我们最擅长做的事情，做好我们自己，我们就是最优秀的。

"天生我材必有用。"每一个人都有最适合自己的职业方向。要找到这个最适合自己的方向，就要充分地认识自己。认识自己和了解自己而不是虚幻地自我想象。现代心理学和社会学对人进行了清晰的分类，目前已经有一些相对成熟的评价工具，可以作为认识自己的有效手段。我列出一些供大家参考。

心理学按照人的性格类型，把人分为四种类型：多血质型、胆汁质型、粘液质型和抑郁质型。这四种类型的人具有不同的性格特征，也对应不同的职业方向。

多血质型的人，思维敏捷，善于交际，善于适应环境的变化，能够迅速把握新事物，比较适合从事节目主持人、导游、演员、市场调研员等需要和新事物不断打交道的工作。

胆汁质型的人，容易冲动，脾气暴躁，坦率热情，但准确性差，在行动上反应迅速、行动敏捷，性急，易爆发而不能自制，比较适合做运动员、冒险家、新闻记者、军人、公安干警等需要迅速反应、快速行动的职业。

粘液质型的人，感受性低，耐受性高，情绪稳定，考虑问题全面、善于克制自己、情绪不易外露，在日常工作中，能够严格恪守既定的生活秩序和工作制度。这种人能够长时间坚持不懈，有条不紊地从事自己的工作，但不够灵活，不善于转移自己的注意力，容易因循守旧。他们比较适合从事外科医生、法官、出纳员、会计等工作。

抑郁质型的人性格较为沉静，对问题感受和体验深刻、持久，情绪不容易表露，反应迟缓但是深刻、准确性高。这种类型的人具有较强的感受能力，善于观察，对环境变化很敏感，但具有迟疑、优柔寡断的性格特征。他们比较适合从事雕刻、刺绣、保管员、机要秘书等需要精细深入思考的工作。

霍兰德的职业兴趣理论，对于自我认识也具有很大的参考价值。

约翰·霍兰德（John　Holland）是美国约翰·霍普金斯大学心理

学教授，美国著名的职业指导专家。他认为人的人格类型、兴趣与职业密切相关。凡是和人的兴趣相契合的职业，就可以让人具有很大积极性，可以促使一个人积极、愉快地从事该职业。根据对人的性格的研究，他提出了职业兴趣理论，把人分为以下六种类型。

1.社会型。

共同特征：喜欢与人交往，不断结交新的朋友，善言谈，愿意教导别人；关心社会问题、渴望发挥自己的社会作用；寻求广泛的人际关系，比较看重社会义务和社会道德。

典型职业：宜于从事与人打交道的工作，能够不断结交新的朋友，从事提供信息、启迪、帮助、培训、开发或治疗等事务，并具备相应能力，如教育工作（教学、教育行政）、社会工作（咨询、公关）等。

2.企业型。

共同特征：追求权力、权威和物质财富，具有领导才能；喜欢竞争，敢冒风险，有野心、抱负；为人务实，习惯以利益得失、权力、地位、金钱等来衡量做事的价值，做事有较强的目的性。

典型职业：宜于从事需要经营、管理、劝服、监督和领导才能，以实现机构、政治、社会及经济目标的工作，如项目管理、销售、营销管理、政府公务、企业管理、法律等。

3.常规型。

共同特征：尊重权威和规章制度，喜欢按计划办事，细心、有条理，习惯接受他人的指挥和领导，自己不谋求领导职务；喜欢关注实际和细节情况，通常较为谨慎和保守，缺乏创造性，不喜欢冒险和竞争，富有自我牺牲精神。

典型职业：宜于从事要求注意细节、精确度、有条理，具有记录、归档、据特定要求或程序组织数据和文字信息的职业，如办公室工作、记事、会计、行政、图书馆管理、出纳、打字、投资分析等。

4.实际型。

共同特征：愿意使用工具从事操作性工作，动手能力强，做事手脚灵活，动作协调；偏好于具体任务，不善言辞，做事保守，较为谦虚；缺乏社交能力，通常喜欢独立做事。

典型职业：宜于从事使用工具、机器，需要基本操作技能的工作。对要求具备机械方面才能、体力或从事与物件、机器、工具、运动器材、植物、动物相关的职业有兴趣，如技术性职业（计算机硬件、摄影、制图、机械装配）、技能性职业（木工、烹饪、技工、修理、种植及一般工种）。

5.调研型。

共同特征 ：思想家而非实干家，抽象思维能力强，求知欲强，肯动脑，善思考，不愿动手；喜欢独立的和富有创造性的工作；知识渊博，不善于领导他人；考虑问题理性，做事喜欢精确，喜欢逻辑分析和推理，不断探讨未知的领域。

典型职业：宜于从事智力的、抽象的、分析的、独立的定向任务，要求具备智力或分析才能，并将其用于观察、估测、衡量、形成理论，最终解决问题的工作，如科学研究、教学、工程、电脑编程、医护、系统分析等。

6.艺术型。

共同特征：乐于创造新颖、与众不同的成果，渴望表现自己的个性，实现自身的价值；做事理想化，追求完美，不重实际；具有一定的艺术才能和个性，善于表达、怀旧、心态较为复杂。

典型职业：这类人具备艺术修养、创造力、表达能力和直觉，并善于将其用于语言、行为、声音、颜色和形式的审美、思索和感受，不善于事务性工作。宜于从事艺术类工作，如艺术（演艺、导演、艺术设计、雕刻、建筑、摄影、广告制作）、音乐（歌唱、作曲、乐队指挥）、文学（写作、剧作）等。

不管是心理学的四种人格类型划分，还是霍兰德的职业兴趣理论，都提供给我们一个认识自己的方法。在现实中，人的性格的划分没有那么明显的界限，可能一个人身上有两种或者多种类型的性格，这个要根据自己的实际情况去判断。

如今，社会经济快速发展，为人们提供了大量的不同类型的工作，供不同类型的人去选择。即使在一个企业内，也有各种各样相应的岗位供大家选择。在清晰地认识自己的前提下，选择一个合适的职业，为自己的人生选好一个方向，作为实现梦想和奋斗开始的地方。一旦决定，便不再轻易改变，有了最初坚定而清晰的选择，我们此后的奋斗才会变得有意义。

绘图：设计好职业生涯

选好址，布好局，接下来就是绘图了。

在一幢楼房开始建造之前，要绘制详细的图纸。初步设计图、扩初图、施工图，从平面、立面、剖面，到建筑透视，清晰、明确地表达整栋楼的设计意图，比如建筑的外形、内部的结构安排、建筑内的交通安排。另外还有技术节点图，施工翻样图等。

有了这些图纸，施工人员就可以开始准备泥沙、砖石等建筑材料，按照图上标示的尺寸、位置开始施工建设。可以说，有什么样的图纸，就会建成什么样的大楼。

对于人生来说，职业生涯之初，也要为自己绘制一幅详细的图纸。人生的绘图，就是我们经常讲的“职业生涯设计”。有句话说得很精辟：“你今天站在哪里并不重要，重要的是你下一步迈向哪里。”职业生涯的设计开始得越早越好。开始得越早，你也将越容易达到目标。

大学毕业就业时，如果对职业生涯没有认真的思考，没有明确的方向，只是盲目地投简历，找工作，匆忙与一个单位签约。可能的后果，就是你在这个单位中，干着不喜欢的工作，难以做出太大的成绩，如果辞职寻找新的工作，又将付出巨大的成本。

假如你在就业之前，甚至高考之时，就对一生的发展方向有个清晰的认识，那么你在选择时就会很从容，每一步都将更加靠近你的人生目标。

职业规划，要站在五十年职业生涯的高度，为每一个阶段的职业设计一个明确的目标，设计出具体的实施办法，设计出完善自己、实现目标的途径。确定了人生目标，这个目标如何分解？每一个阶段应该做什么？每一阶段达到什么样的目标？通过什么途径来达到这个目标？这些，都是需要一定的规划。

职业生涯每一个阶段的目标，都是以实现整体职业目标为中心，而不是今天一个想法，明天一个想法。

五十年的职业生涯设计，要以自己的能力为基础，对自己有一个清晰的认识，问问自己最想做什么事情，能做什么事情，可以做什么事情。认真思考这三个问题，答案就会在你的心里。

除了个人进行职业生涯设计，企业也会有意识地为员工建设职业发展通道。如果选定了一个企业，最好把自己的职业生涯目标与企业的发展目标结合起来。

我在主持中建五局工作的时候，为员工的个人发展建设了多个职业通道。比如，为了选拔人才、储备人才，五局设立了“青苗工程”，针对入职3～5年，学历背景好、思想品德高、敬业上进、有培养前途的青年员工，选拔一批作为“青苗人才”，通过职业生涯规划指导、导师带徒、重点培训、轮岗锻炼等措施进行培养，以培育一批具有领军潜质的青年后备干部队伍。

除了“青苗工程”，对于全体员工的发展，五局还设置了“四三五薪酬体系”。包括四大职业通道、三大晋升梯子、五大工资单元，把企业的发展目标分解为一个个晋升阶梯，满足员工个人成长的需要。

四大职业通道包括行政管理系列、项目经理系列、专业技术系列、工勤技师系列。三大晋升梯子，一是岗位级别，就是不论是谁来干，岗位级别是不变的；二是职务级别，就是无论你干哪个岗位，你本人的级别跟着人走；这两个结合，就是拿钱的级别，也就是工资级别。

一个进入中建五局刚毕业的大学生，如果能够把个人的发展目标和企业的职业发展通道相结合，踏踏实实工作，不断进步成长，经过若干年的奋斗和积累，最终会在职务级别和收入待遇上，一步步地获得更高的发展空间，踏上更大的职业舞台。

《致我们终将逝去的青春》和《中国合伙人》两部青春电影，我看后还是蛮感动的。青春是用来回忆的，多年以后我们再回忆那段经历，还是很有意思的。如果我们没有敢爱敢恨的经历，没有艰苦奋斗的曲折，我们的人生就会很平淡，将来我们就会缺少回忆的资本。人生难得几回搏！青春不搏，更待何时！

打基础：综合素质决定成长高度

一栋高楼大厦，巍峨高耸，可是，它能否顺利建成，能建到什么高度，依赖于地基是否坚实，依赖于基础的深度和强度。

建筑施工人员，总是按一定的比例来为这栋楼房打基础。通过一遍遍地夯实地面，密密地植入钢筋，浇灌层层水泥，在前期的建设中，施工人员总是把地基打得平整密实，把基础建得坚不可摧。如果地基不够均匀坚实，强度不够，即使建成了楼房，也有可能会出现裂缝和倾斜，最终倒塌。

建设人生的高楼大厦，打基础是无比重要的。我们既要仰望天空，又要脚踏实地。职场中，放下身段，扎根基层，才能一步一个脚印地成长。

基层工作，枯燥繁琐，又苦又累。可是，只有在艰苦的基层环境中，才能磨炼我们的意志和韧性；只有在基层，我们才会集中遇到一个一个问题，并在不断解决问题的过程中，提高工作能力；只有在基层，我们才能在实践中积累经验，开阔视野，增长知识才干；只有在基层，我们才能提高自己适应环境的能力，为未来承担更大的责任打下基础。

打好职业发展的基础，最重要的是到基层历练。

那些成就丰功伟业的领导干部，无不是在基层磨练出坚韧的意志、开阔的心胸、高超的领导才能、高人一等的智慧，最后才胜任高级领导岗位。扎根一线，扎根基层，就是在为自己的人生大厦打基础。基础打得牢固了、坚实了，我们的人生大厦才能建得更高更大。

中建五局总承包公司项目总工程师许宁，是一个80后女孩，研究生毕业。她来到五局报到两天后，就奔赴哈大高铁项目工地。哈大铁路的项目部位于铁岭农村，房屋没窗，夏天没电扇，打水要到一公里以外。有些男孩子受不了这种苦，当了逃兵，许宁却坚持了下来。在项目部，许宁白天跑现场，晚上看图纸，每晚夜里两三点后才干完一天的工作。

许宁在自己的文章中写道："我所经历过最艰苦的项目是在2007年。那时候五局刚成立铁路公司，我们接手的第一个铁路项目哈大高铁完成了所有的前期工作。我们穿着工作服在玉米地里工作，每棵玉米杆需用脚踩倒。为了做测量，我和工友要一个山头一个山头地跑。身上被蚊虫叮咬的伤疤，到现在都没有完全消除。"

扎根基层，一步一个脚印，许宁也得到快速成长。到第三个月，她就从技术员升为主管工程师。在施工项目中，许宁还结合工作做起科研。在六年时间里，许宁研究出了两项国家专利、两项中建总公司QC

一等奖、一项国家级QC成果、三项工法通过省级鉴定，并在核心期刊上发表论文五篇，省部级刊物三篇，完成课题过程报告十一篇。

这些工作经历和成果，让许宁从技术员成长为项目总工和项目书记。如今，她已成为大学同学中的佼佼者。

提高自己的综合能力，首先是为自己，不是为单位，不是为别人。一个单位，员工那么多，核心岗位只有几个，凭什么要选你来担当重任？就是因为你有竞争优势。竞争优势来源于哪里？就是源于你深厚的基础，源于你丰富的基层工作经历，源于你的综合素质和能力。如果遇到的事都是你经历过的，领导考察时，你就可以说出一二三来，那你就什么都不怕了。

建造：做个过河卒子

楼房建造过程中，总是会出现各式各样的困难和问题，诸如安全问题、质量问题、设计问题……每一个致命的问题都会导致停工，或者推倒重来。可是，人生如同棋盘上的卒子，一旦过河，就只能向前，一旦开始，便不可能放弃。不管遇到什么困难和问题，我们唯一要做的，就是想办法解决问题，让施工继续进行下去，把那张绘好的图纸，变成大厦。

建造人生大厦，不会总是一帆风顺，可能会遇到这样那样的问题。

顺境的时候大家都会走，遇到挫折的时候就考验人了。面对挫折，我们一定要勇敢地面对，不要放弃自己的追求和梦想。就像有人讲的，容易走的路都是下坡路，成功都是逼出来的。

我年轻的时候，十分幸运地踏上了依靠当兵改变终身命运的道路。参军后，我所在的基建工程兵营地在沈阳，被分配在基建工程兵沈阳教导队。如果说我当时有梦想，那就是成为一名优秀的战士，能够在部队提干。

由于军队搞建设，一切按部队建制行事。身为新兵的我却没有在基建工地干活，而是被选中当了部队司令部的通信员，再后来又当上了机要译电员，专门负责翻译密电码工作。

1978年底“辽化”工程完工后，我所在的基建工程兵部队调防到了山东济南。提干是农村孩子当兵后跳出“农门”十分关键的一步。对我来说从普通士兵被调配到机要科当译电员，又积极加入了党组织，这无疑距离“提干”目标又大大地迈进了一步。

一般来说，当了机要科机要员，在部队提干是迟早的事情。而令我万万没想到的是，在提干的问题上，我却遭遇到了“滑铁卢”。

这年底，基建工程兵部给支队分下来了125名提干指标，我被推荐参加体检并通过。然而，名单送到司令部参谋长处，却被卡了下来，理由是我当兵时间太短，应该把指标让给老兵。我体谅领导的苦衷，二话没说就服从了。然而，这批提干过了一个多月后，总政发来电报，说是今后要停止从战士中直接提干。我得知这个消息后，精神很受打击，心想这回完了，提干没戏了！

我又想到了上军校的机会，然而却让我更加失望。上军校年龄不能超21岁，而我已过了规定年龄。

接连的打击使我深感沮丧，感觉自己就像被人狠狠推了一把，接着又被踹了一脚一样，既站不稳脚跟又喘不过气来。此时的我感到前途十分渺茫，因为我连参加高考的机会也没有了。

要么消沉下去，要么坚忍向上，我的人生到了关键的十字路口。

我选择了后者。我利用保密档案管理工作的闲暇时间，同时报考了学制三年的山东大学夜大学经济管理专业，和学制五年的山西大学函授学院汉语言文学专业。两个专业我同时并进，坚持每晚听课，每天收看电视授课，有时，一天只睡两三个小时。此后不久，我又报名参加了学制二年的中央广播电视大学英语专业，硬是利用在保密室工作的五年时间攻克拿下了三个文凭。那段时间，因我做事认真细致，保密室本职工作不仅没因学习耽误，反而做得井井有条，受到了部队首长的表扬。

转眼到了1981年，机会再次眷顾到我的身上。部队为解决三年停止提干造成干部缺额的实际情况，这次给我所在的师里分了42个名额。按规定，这些名额主要是给基层的排长、司务长的。我既不是排长，也不是司务长，并不在提干名单内。

巧合的是，上次提干时让我把机会留给老兵的那位参谋长已升任为师政委，当下正主管提干的事儿。政委在主持专门研究提干的会议上，特别提出要留个指标给我。后来听说，这位政委之所以对我如此关心爱护，完全是因为我自打上次没提上干，并被调出机要科到保密室工作以后，仍不消沉、不放弃，刻苦学习的精神给他留下了深刻的印象。

建设人生的高楼大厦，不可缺少的，是坚守梦想的信心和勇气。

挫折，是巨大希望的破灭。失败的痛苦会沉重地打击我们的心，我们的自信可能因此坍塌。可是，也正是挫折才更加磨炼我们的意志，让我们多了一种应对人生的智慧。

当我们遇到挫折时，不要消沉苦闷，要迅速调整前进的方向，寻找下一条成功之路。经历复杂一点不是坏事，苦难就是财富。我们能不能成功，取决于我们对待挫折与失败的态度，对待“不公平”的态度。

校验：不断反省思考

建筑施工，并不是一直埋头干活。为了保障工程质量，在施工过程中，要不断地对工程进行校验。在施工之前、施工过程中，以及施工完工后，都有专门的质量检查人员，对质量进行检查。如果发现问题，要立即调整改正，以保障整个工程符合质量要求。

如果缺少了校验这个环节，等到建筑完工后，才发现房子的暖气管道装错了位置，要改正，恐怕就得把整栋楼给拆了，那会造成多大的损失呀！

人生也是如此，在埋头干活的同时，也要停下来校验一下自己，看看自己的前进方向，是否偏离了自己的理想。看看自己做过的事情，是否有不尽人意的地方，看看自己的能力素养，是否还有较大的欠缺。

孔子的弟子曾子说，“吾日三省吾身——为人谋而不忠乎？与朋友交而不信乎？传不习乎？”意思就是说，我每天反省多次：为人谋事有没有不尽心尽力的地方？与朋友交往是不是有不诚信之处？对师长的传授有没有复习？

即使我们不用像曾子一样每天“三省吾身”，也可以在下班之后，静静地回想自己当天所做的事情：我们所说的话，有哪些不合适的地方？所做的工作，有没有什么可以改进的地方？隔上一周、一个月，再回头看看自己，相信会有不一样的感悟。

读高中的时候我有一个习惯，就是总结错题。我准备了几个错题本，把自己做错的题工工整整地抄下来，在旁边写上错误的原因，比如是因为公式没记住，还是因为马虎算错了数。不断自我总结，我逐渐发现了一些规律。我发现自己的常错之处以后，就重点去解决这方面存在的问题。现在回想起来，正是当时善于反省错误的做法，让我的学习成绩一直名列前茅。

2006年4月，30多位中国内地著名企业家去香港集体拜会李嘉诚时，李嘉诚说了四句见面开场白：“当我们梦想更大的成功时，我们有没有更刻苦的准备？当我们梦想成为领袖的时候，我们有没有服务于人的谦恭？我们常常希望改变别人，我们知不知道什么时候改变自己呢？当我们在批评别人的时候，我们是否知道该自我反省？

"刻苦"、"谦恭"、"改变"、"反省"，这四个词，可以说是李嘉诚不断积累财富，建立商业帝国的秘诀。在李嘉诚眼中，管理好自己，管理好自己的人生，是成为一个优秀管理者的首要条件。如何管理好自己？一个重要途径，就是不断反省，不断思考自己。

李嘉诚在新加坡管理大学的演讲中说："想做一个好的管理者，首要任务是知道自我管理是一项重大责任。在变化万千的世界中，发现自己是谁，了解自己要成为什么模样是建立尊严的基础。"

对于如何反省，如何做好自我管理，李嘉诚说："人生在不同的阶段中，要经常反思自问：我有什么心愿？我有宏伟的梦想，我懂不懂得什么是节制的热情？我有拼战命运的决心，我有没有面对恐惧的勇气？我有信息、有机会，我有没有使用智慧的心思？我天赋过人，我有没有面对顺流逆流时懂得适如其分处理事务的心力？我们的答案可能因时、因事、因处境而有所不同，但思索是上天恩赐人类捍卫命运的盾牌。很多人总是把不当的自我管理与交恶运混为一谈，这是很消极无奈和在某一程度上是不负责任的人生态度。"

经常反省自己，不断向自己提问，不断寻找答案，这让李嘉诚在商业领域避开危机，创造一个又一个奇迹，成为所谓的"超人"。就如李

嘉诚一样，在构筑人生大厦的过程中，不应闷着头苦干，而是既要低头走路，又要回头不断反省，矫正前进的方向。

法国牧师纳德·兰塞姆去世后，被安葬在圣保罗大教堂。墓碑上工工整整地刻着他的手迹，上面写道："假如时光可以倒流，世界上将有一半的人可以成为伟人。"一位智者在解读兰塞姆手迹时说："如果每个人都能把反省提前几十年，便有一半的人成为一名了不起的人。"

他们的话，道出了反省之于人生的意义。

善于反思，善于自省，如同工人建筑一栋大楼，不断地校验，以保障施工过程不会出现偏差。失之毫厘，谬以千里。前进中的每一步都至关重要。看起来不起眼的错误，在我们不断积累过程中，有可能变成一件无法挽回的大失误。在职场中，遇到困难和问题，如果肯虚心地检讨自己，马上改正有缺失的地方，我们的职场之路，就会不断向前发展。

本章后记

建设高楼大厦是一项极其复杂的工程，如果选好址、绘好图、奠好基、建好主体、做好装修，最后竣工验收，这座大厦终将建设起来。人生之路，就如建设高楼大厦。为自己选一个好的奋斗方向，打好发展的基础，做好职业发展规划，遇到挫折时坚守自己的梦想，不断反省自己，调整前进的方向，你的人生大厦也终将完美竣工。

第十章　七成定律

在自然界，七成是一个神奇的比值。地球表面，水的覆盖面积占地球总面积比例约为70%。在人体中，水的成分所占的比例约70%，“黄金分割”率为0.618，近乎70%。在国家管理和企业理中，“三分之二”同样是一个非常重要的量值。这个神奇的比值，在企业管理中同样存在。从做人到看人、用人、知人、管人、容人，我们都可以遵循七成定律。

人力资源管理中的70%现象

人，是企业的根本。有人才有企业。企业靠人，更是为人。人的问题是企业一切问题的根源。无论是国企、民企还是外企，真正的人才都是稀缺资源。

我担任中建五局主要负责人期间，经常会听到基层公司经理们关于缺人的抱怨和苦恼。这引起了我极大的兴趣和关注。

有一次，我到一个区域公司调研工作，公司经理叫苦说，原来没有工程干的时候很纠结、很痛苦，现在接到工程了也很纠结、很痛苦。为什么呢？有了工程，但找不到合适的人干，实在太难了。他请求总部给他调几个优秀的项目经理来。

我把他们公司的职工花名册要来进行分析，邀请了一批参加工作三五年的年轻人一起座谈。经过详细询问，我了解了他们的工作情况和想法，觉得这些年轻人中大多数是可以使用的，建议公司大胆使用。之后，这个区域公司从中挑选了六个人作为项目经理人选，相继派到项目部主持日常管理工作。

其中的一位年轻人，公司先让他担任项目执行经理，不久又调他到另一个项目担任项目经理。结果，他把一个可能亏损上千万的工程干成了一个赢利项目。继而他又打开市场，连续承接了四个工程，在业主所有项目评比和当地市场综合评比中均获得第一名，在公司的十七个项目月评比中，不是第一就是第二。另外一名青年人担任另一项目经理后，该项目质量考评为业主区域第一。

由于大胆启用青年人，公司的“优秀人才”如雨后春笋大量涌现，生产经营面貌焕然一新。后来，他们总结了“来一个留一个，用一个成一个”的经验，并在全局推广。实际上，不是没有人干活，而是没有把人用到合适的岗位上。

企业到底是缺人，缺理念，还是缺机制？如果是缺人，最缺什么样的人？如何建立选人用人的机制来解决缺人的问题？人才成长有没有规律可循？是什么样的一种规律？围绕上述这些问题，我进行了长期的思考和调研。

经过企业管理实践的反复验证，我发现在看人、用人、管人、做人等方面存在着一个“百分之七十”的现象，我把它称为七成定律。七成定律，实际上是人力资源管理的一种观念和方法，揭示的是在做人、看人、知人、用人、管人、容人等六个方面存在着七成的现象。

做人：不苛求完美

一个普通员工，做到让70%的人喜欢，就已经是优秀了；一个领导者，能做到让70%的人真心满意就可以了。

对于个人来说，不要试图让所有人喜欢自己。这样做不仅很累，而且根本就做不到。因为世界上没有完全相同的人，每个人的个性各异，爱好各异，喜怒哀乐各异，就如人的口味，有的人喜欢吃萝卜，就有人喜欢吃白菜，有的人喜欢咸鲜的，也有人喜欢清淡的。

无论你怎么努力，就算八面玲珑，在一个团体里，总有人喜欢你，也总有人不喜欢你。喜欢你的人，不需要你那么努力地去讨好。不喜欢你的人，无论你多么努力地去讨好，也可能很难改变他对你的看法。

有一个青年员工，为人善良真诚，很受领导同事的喜爱。可是，部门里有一个同事，总是对她冷嘲热讽，不管她说什么话，做什么事，那个同事总是与她针锋相对。结果，这件事闹得她愁眉不展，苦恼不已，甚至一度想离开这个单位。

事实上，这个员工的苦恼完全没有必要。我想那个总是针对她的同事也许并不是真的很讨厌她，只是和她性格不同，思维方式不同而已。这个员工把这件事无限放大，给自己徒增了许多苦恼。她没有认识到，无论自己多么优秀，也不可能被所有人喜欢。因此，不要过于在意别人的看法，也不要对自己有太过苛刻的要求。

有些人，特别是领导干部，总是害怕得罪人，该说的话不敢说，该管的事不敢管，该做的事情不敢做。事实上，如果你这样做的话，不但不能讨好所有人，还会变成大家眼中的“老好人”。

一个普通员工，如果总是做“老好人”，那将变得没有原则，没有主见，甚至在别人眼中，就是一个胆小怕事，没有能力的人。你的缩手缩脚，不但可能导致自己一事无成，也会被大家轻看。

一个领导干部，如果总是做“老好人”，试图去满足所有人的要求，这是不分轻重，不分主次的体现。当你想让所有员工满意的时候，只会让有能力的员工受到打击，让那些平庸员工堂而皇之地平庸下去。在一个单位中，一个“老好人”式的领导，对组织的危害，胜过一个能力一般的领导。

你永远不会让所有人都满意。认识到这一点，你就不会太在意自己的表现是不是完美，不会再小心翼翼，担心无意间得罪了某个人，不用再费尽心思去讨好每一个人。在一个单位，做到70%的人喜欢你，就已经足够了。

尤其是对领导干部来说，70%的员工对你满意，30%的人有点儿意见是很正常；如果80%的人对你满意，你就是优秀了；如果90%的人对你满意，你就是卓越的；如果100%表示满意，那你千万不要相信，肯定有一部分人说了假话。

看人：不求全责备

如果一个人有70%的优点，就是优秀的人才，那么不要对其求全责备。

“金无足赤，人无完人。”上天对每一个人都是公平的。上天赋予一个人优点，相应地也会赋予他某些缺点。刚强勇猛的人，善于征战沙场，往往少了一点智谋。足智多谋的人，善于谋划运筹，往往手无缚鸡之力。憨厚老实的人，忠心耿耿，往往缺少大智，担不起大任。才华横溢的人，本领高强，往往清高孤傲，难以服从管理。

看一个人，如果只看其缺点，那世界上就无可用之人；如果看其优点，那到处都是人才。

唐僧去西天取经，一路收服孙悟空、猪八戒和沙僧三个徒弟。师徒同力降妖除魔，历尽九九八十一难，最终取到真经。如果从用人的角度来看，唐僧和他的三个徒弟都是观音菩萨亲自选拔出来的，并且不负重托，完成大任，可谓都是优秀“人才”。但师徒身上，却各有优点和缺点。

唐僧意志坚定，心系天下苍生，坚守取经理念，却手无缚鸡之力，优柔寡断，偶尔还不分是非，结果被妖怪抓去，凭空惹出麻烦。孙悟空神通广大，上天入地，却极为自大，动不动就生气发怒。猪八戒呢，好吃懒干，但能吃苦能够处理好人际关系。沙僧没有主见，武艺平平，但却忠厚老实，对取经事业忠心耿耿。

如果你只是看到唐僧的优柔寡断，孙悟空的暴躁自大，猪八戒的贪财好色，沙僧的平庸无主见，你或许会想：他们怎么能完成取经大任呢？可当你看到了唐僧的意志坚定，孙悟空的武艺高强，猪八戒的吃苦耐劳，沙僧的忠心耿耿，就会发现他们都是不可多得的人才。

人有缺点是正常的，关键是看人所长、记人所长、用人所长。一个拥有70%优点的人，足够担当某个岗位，可以大胆启用。

善于发现人才，就要善于发现一个人身上的优点。事实上，人的缺点和优点，有时候是相对的。当我们把人用对地方，一个人身上的缺点，反而会成为优点。比如，谨小慎微的人，会显得没有魄力，难以担当开拓进取的大任，但是如果让他来管理财务，当个会计，那他就会把工作做得井井有条。过于追求细节的人，会让人觉得苛刻，不够灵活，但是对细节完美极致的追求，会让他在研究领域、设计领域，取得非同一般的成就。

一位环保专家说，什么是垃圾？垃圾就是放错地方的宝贝。所以，庸才往往就是用错地方的人才。

都江堰水利工程中的金刚堤，是用岷江河床里的乱石碎沙堆砌而成的。这些乱石碎沙经过工程建造者们的设计改造，成了“金刚不倒之身”，千百年来支撑着“鱼嘴”“分四六、平水旱”。直到两千多年后的今天，我们也不得不叹服古人的智慧。

我们看人的时候，应该多看人的优点，善于发现人的长处，用其所长。他会干什么，能干什么，就让他去干什么。他不擅长什么就不让他干什么。只有这样，才能做到知人善任。

用人：重在激发潜能

在选拔人才的时候，当候选人具备应征岗位70%的要求时，就可以使用了。

不要苛求一个人一开始就100%胜任岗位要求。否则很少人能用，甚至无人可用。如果一个人用心肯干，在他不完全适合岗位要求时就启用他，就会激发他的主动性和创造性。

如果一个人的能力，在达到岗位的70%的素质要求时用他，他会感受到领导和组织对他的信任和期待。这种信任和期待，会激发他的工作热情和潜能。一个团队的热情和潜能越多越持久，这个团队的战斗力、竞争力和创造力就会越强大。

中建五局在发展过程中启用了大量的青年人。当时，年仅26岁的徐毅夫担任株洲神农城周边道路项目的项目经理。这个项目是株洲市的一号工程，政府关注度非常高。

项目完成后，徐毅夫写道："整个项目体量大、工期紧，最关键的就是管理团队特别年轻。当时在业主看来，我们是不可能完成任务的。但是，“初生之犊不畏虎。”不知道困难有多大，只知道既然企业这么信任我们，那我们就一定要把这个使命完成好。

在株洲神农项目中，这些年轻人用“5+2”、白加黑，人歇机不歇的精神努力工作。即使在冬天，晚上下着小雪，机械还在作业面上施工。当时给外界的感觉就是，五局人能吃苦，拼命干。当时项目上虽然遇到了很多困难，但是凭着年轻人能创新、敢去做，到年底，项目全年产值累计三个多亿，创造出了五局发展中的一个奇迹。经过这个项目的锻炼，这个年轻的团队也快速成长，成为真正召之即来，来之能战，战之能胜的成熟团队。

一般地讲，人往往会高估自己的能力，低估别人的能力，高估自己的成绩，低估别人的贡献。这是“人性”使然。

一个人的能力达到了100%适应岗位要求时才使用他，由于“人往往有高估自己能力”的倾向，会使他认为自己早已具备条件了，但没有被使用。于是，他的工作热情和潜能就不会得以发挥，甚至对团队产生负能量。一个团队的负能量越多，那么这个团队的战斗力、竞争力和创造力就会越弱。

一个人，在他具备岗位要求的70%时，领导决定用他，会使他觉得自己还有一定的差距，是领导和组织的信任和期待使自己走上新岗位的，这样他就会用十二分的努力和勤奋去弥补不足，从而圆满完成工作任务。如果在使用他后，再多一些跟踪帮助，那他就会发挥出超乎想象的创造力，做出意想不到的成绩。

知人：着力看人长处

在知人的时候，要用70%的注意力去发现人的长处，用30%注意力关注人的短处。这里，我把考察者作为“主体”，被考察者作为“客体”。当“主体”在考评“客体”时，应当有宽广的胸怀，拿出70%的精力用来考察人的长处。

考察者要主动发现别人的长处，才能把合适的人用到合适的地方，充分发挥每个人的才能，而不是揪着人的短处。要避人所短，忘人所短。

历史上，著名的战国四公子孟尝君，善用“鸡鸣狗盗”之徒。在被秦昭王困住后，善于偷盗的门客为他偷来秦昭王妃子想要的狐白裘，通过这个妃子向秦昭王进言得以脱身。善于学鸡叫的门客学鸡打鸣，骗得士兵打开函谷关的城门，才得以连夜逃走，保住了性命。

在多数情况下，我们在看一个人的时候，会更多地观察他的不足，关注他的缺点，计较他的短处，有时甚至会夸大他的缺点和短处，得出片面的评价。求全责备不仅会让我们看不到人才，而且会让潜在的人才逐渐远离我们。慢慢的，我们的身边，也就没有人才了。

历史上，曹操曾经三次发布“求贤令”，不论出身，不论尊卑，即使有很大缺点，只要有“治国用兵”之术，都可以加以任用。

对于人才，曹操从来不求全责备，只要有才能，便为己所用。比如丁裴，是他的老乡，平时爱占小便宜，在负责管理牛群时，用家里的瘦牛，换出公家的肥牛。有人就告诉曹操，让曹操重罚他。可曹操说，丁裴这个人就像会抓老鼠又爱偷东西吃的猫，留着他还是有用的。果然，后来曹操和马超交战的时候，丁裴设计救了曹操一命。

曹操看到的，是这个人身上最能符合他需要的那个优点，就是能治国，能用兵。一个人如果能够杀敌卫国，已经足够了，那些缺点，曹操皆予以包容。正是曹操的这种用人策略，吸引了大批谋士猛将，投奔到曹操的麾下，比如荀彧、荀攸、郭嘉、丁裴、张辽、张郃、徐晃等。这些人为曹操出谋献策，征战杀敌，最终辅助曹操统一北方，雄视天下。

“天生我材必有用。”世界上没有能力完全一样的两个人。每个人都有短处，也都有长处。用“七成定律”的观点，包容人身上的小毛病，发现他身上的独特才能，我们就会将这些人才团结到我们的周围，为我们所用。给他们一个机会，一个平台，他们就会迸发出惊人的潜能。

管人：贵在包容个性

一个团队有70%的人符合职位要求，每个人尽70%的心，就是一个不错的团队。作为一个团队领导者，我们要有一颗宽容的心，要明白“五个指头不一样长”的道理，不要苛求一个团队里面个个都忠心耿耿、尽心尽力，不要苛求团队里每个人都是三头六臂、个个都是良臣猛将。

让我们还以“唐僧取经”为例。取经的路上，悟空偶尔会生气撂挑子，猪八戒一看师傅有难，就嚷嚷着要散伙。可是，即使孙悟空偶尔会生气，猪八戒偶尔喊着散伙，这个团队依然一路降妖除魔，取得真经。有了妖怪，悟空照样会拼了命去打，师傅和大师兄有难，八戒照样会拼了命去救。他们偶然想要脱离团队的表现，也并没有影响到团队的取经大任。

在一个团队里，每个人都有个性，每个人都有长处。严格地要求每一个人，只会抹杀团队成员的个性，让每个人都胆战心惊，唯恐做错事，说错话。这样的后果，就是禁锢了团队的活力和创造力。

汉高祖刘邦出身布衣，没有显赫的家族背景，没有文化，贪财好色。可是，刘邦有一个超绝的才能，那就是会用人。他曾经说过一段名传千古的话：夫运筹策帷帐之中，决胜于千里之外，吾不如子房；镇国家，抚百姓，给饷馈，不绝粮道，吾不如萧何； 连百万之军，战必胜，攻必取，吾不如韩信。此三人者，皆人杰也，吾能用之，此吾所以取天下也。项羽有一范增而不能用，此其所以为我擒也。”

刘邦手下的人才，出身各异：有屠夫，有布贩，有车夫，有强盗，有吹鼓手。在那个年代，这些都是出身低贱之人。可是，刘邦却把他们奉为上宾，给予每个人相应的职位，给他们提供发挥自己才能的平台和机会。结果这些人对他感恩戴德，誓死效忠。

作为一个团队管理者，必须客观面对团队的每一个成员，对他们的个性特点，甚至是不足和缺点都要充分包容。“关张赵马黄”，各得其所。即使有一些不足，犯一些错误也不能一棍子打死，要建立容错和纠错机制。

刘邦麾下有一名大将叫雍齿。他曾经跟随刘邦起兵造反，被刘邦委以重任。但在和刘邦一起征战沙场的时候，却被魏国策反。后来他见项羽势力强大，又投靠项羽。当刘邦日渐强大时，又再次归顺刘邦。反复无常的雍齿，可以说是刘邦心中最怨恨的人。纵然怨恨，但雍齿有不少功劳，刘邦还是容忍了他。在谋取天下大业后，刘邦还摆酒宴，封雍齿为什方侯。群臣见了，都高兴地说：“雍齿尚且被封为侯，我们这些人就不用担忧了。”

被刘邦宽容厚待的雍齿，是一个团队中那个最不忠诚、最不尽力的人，可在大家眼里，这意味着领导的宽容。刘邦宽容的是某个人，但凝聚的是整个团队，得到的是整个团队对领导者的信任、忠诚。

任何一个团队都不会十全十美，团队成员也绝不会整齐划一。也正因为个体的千差万别、形形色色，才使团队成其为团队。如果一个团队是“千人一面”，那反而是不可思议的，也是无法有效运转的。用宽容的心去对待团队，才能为团队成员创造一个宽松的环境，充分发挥每个团队成员的特长和个性，也才能让这个团队充满活力，充满创造力。

容人：多多反思自己

对别人提的意见，包括批评和建议，要花70%的精力去反思自己，花30%的精力去考虑别人的意见合不合理。这就是经常讲的“言者无罪，闻者足戒”。

历史上，一代明君李世民，有一位让他又爱又恨的大臣——魏征。魏征常常在朝堂之上，犯颜直谏。李世民有时候虽然感到面上无光，但深思熟虑之后，对那些觉得有道理的，仍是欣然接受。

司马光所著的《资治通鉴》记载着这样一段故事：“尝谒告上冢，还，言于上曰：‘人言陛下欲幸南山，外皆严装已毕，而竟不行，何也？’上笑曰：‘初实有此心，畏卿嗔，故中辍耳。’” 身为天子的李世民本打算去南山游玩，但是居然因为害怕魏征责怪，而停了下来。我想，李世民并不是真的害怕魏征。拥有对所有人生杀大权的天子，对魏征有何惧怕？他惧怕的是自己的错误。

每当魏征指出错误时，李世民首先是反思自己，而不是去考虑魏征的对错。正是因为有了魏征这位敢于直言劝谏的良臣和李世民这样一位善于接纳意见、善于反思自己的明君，才有了“贞观之治”的繁华鼎盛。魏征死后，太宗放声大哭，说出了一句千古名言：“以铜为镜，可以正衣冠；以古为镜，可以知兴替；以人为镜，可以明得失……魏征殂逝，遂亡一镜矣?”

在李世民眼里，魏征就是一面镜子，可以让他知道自己的对错得失。

很多时候，人往往听不得不同意见，一听到批评意见就情绪激动。这其实是“自我为中心”的心理作怪。一个人受各种主客观条件的局限，很难对事物有全面了解。由于信息不对称，难免出现“盲人摸象”的现象。

人听到不同意见甚至是批评意见时，首先应该70%地接受，70%地反思自己，再讨论对方的意见是否合理，是否对工作有利，分析哪些可以吸收，用于改进我们的工作，哪些可以引以为戒，加以完善。即使他人的意见不合理甚至是错误的，也要善意地做出回应，多换位思考，将心比心。

本章后记

职场中，不管是做事，还是做人，虽然我们都会尽力去追求完美，但是总会有这样那样的缺憾。我们在任何时候，都不要苛求自己，苛求他人。

做人，不追求能够让所有人都喜欢；看人，不求一个人全是优点；知人，主要考察他的长处，不要揪住短处不放；用人，要多发掘新人，培养新人，激发新人潜能；管人，要包容团队成员的个性和缺点；容人，要在与别人意见相左时多反思自己，少责怪别人。

对人、对事，我们只提七成的要求，剩下那三成，是对自己的宽容，对他人的包容，是紧张职场中的缓冲，更是奋力拼搏中的淡然心境。有了这三成的不完美，我们的人生，才会变得更加完美。

第十一章　快乐、幸福和成功的本质

人在诞生那一刻，哇哇哭着来到了这个世界。此后，烦恼似乎会无处不在：小的时候，因为得不到一颗糖果、一个玩具而难过不已；青少年时期忙于升学考试，每日生活在重压之下，很难有真正的快乐；参加工作后，为了生存，为了升职加薪，也整日苦恼着；等到垂垂老矣，生命渐渐宁静，可已走向尾声。

苦难，是生命的底色；成功、快乐和幸福，只是拨开厚重的苦难，露出的那一抹美丽的暖色。因为美丽，所以大家都在追寻成功、快乐和幸福。每个人把追求成功、快乐和幸福作为自己的终生目标，可成功的本质是什么？快乐和幸福的本质是什么？我们怎么样才能得到成功和终生的快乐与幸福呢？

快乐是一种心境

我小时候，一年里最欢喜的一天就是春节。只有在那一天，我才能穿上这一年来唯一的一件新衣服——母亲亲手缝制的棉花小袄。

除夕，母亲把准备好的新衣叠得整整齐齐，放在床头。我现在仍能清晰地记得，那衣服上散发出的好闻的清香。我用手搂着新衣，安然入睡。有了那件衣服，我似乎就成了世界上最快乐的人。

那时，物质是贫乏的，但是，快乐和幸福点缀着贫瘠的生活。

后来，市场上卖的衣服，款式和花样越来越多，家里也逐渐能够省出一些钱去买几件衣服了。我的新衣多了起来，但除夕那件新衣依然是神圣的，穿上它依然是快乐的。再后来，家里的经济状况越来越好，平时缺衣服穿了，就可随时买上一件。除夕的时候，虽然母亲依然会为我准备一件新衣，可是，我却不如当初那样快乐了。

随着经济的发展，我们吃的东西越来越多样，穿的衣服越来越丰富，连曾经被视为奢侈品的小汽车，也慢慢走进千家万户。面对丰富的物质世界，可选择的东西越来越多，而由物质带给我们的快乐却越来越少。

房子、汽车、手表、服装、鞋子、挎包……每一样日常用品，我们要用好的，要用更贵的。为此，我们拼命工作，耗尽无数心血和汗水。然而，我们依然渴望着更多的财富，依然不快乐。

为什么物质越来越丰富，而我们的快乐越来越少？我们的烦恼，来自于对物质无限制的追求，以及追求过程中的那种煎熬。

童年的那一件新年棉袄，在物质贫乏的时候，我渴望了一年的时间才得到。那份满足是如此巨大，那份快乐也是那么清晰，深深印在我的记忆中。可当新衣服变成轻而易举就能得到的东西，这种渴求的心态渐渐消失，取而代之的是对更多物质的渴求。此时，原本能带来巨大快乐的东西，也已经无法让人动容了。我们转而去追求下一个更大的目标。

在人生的路上，我们每一个时期，都在不断地追逐各种目标。在追求的过程中，我们需要付出时间、精力、智慧，历经艰辛和磨难。这个追逐的过程，是烦恼的，不快乐的。

烦恼，源自我们内心的不满足。与之相对，快乐实际上是来自于一种满足的心境。有了满足，才有内心的快乐，如果我们没有那种满足感，不管物质如何丰富，我们也不会快乐。

就如庄子，他宁愿在河边钓鱼，也不愿到楚国做官；宁愿生活贫困，也不愿到庙堂之上受人管制。因为，在他的心里，自由的感觉已经让他非常满足，他不需要追求更多的名誉、物质去满足自己的内心。有了自由，他就是最快乐的。

这种快乐的心境，这种满足感，在于我们自己。得到幸福和快乐，并没有那么难。调适内心，放宽心态，换个角度，烦恼也就变成了快乐。

如果我们变成物质的主人，改变心态，降低满足的标准，我们一定是快乐的。在追逐目标的过程中，如果我们把煎熬看成一种经历，那我们也是快乐的。

职场中的我们，一生中大约有三分之二的时间都在工作。如果我们能做到在工作中时时快乐，我们也就获得了三分之二的人生幸福。如果我们能够做到以下几点，就能时刻保持一份愉悦的心境，快乐地工作，快乐地生活。

快乐的多少，取决于对苦的态度

苦，是快乐的敌人。一个人的身体和精神，往往耽于享乐。美酒、美食、舒适的睡眠、嬉戏玩乐，这些都能让人身体和精神感到愉悦。但是，在职场，我们所追求的成功，却往往处于一个充满艰难险阻的地方。

通往成功的路上，常常是布满荆棘坎坷。我们要付出无数精力和汗水，跨越艰难险阻，才能摘到胜利的果实。这个过程，让我们的身体疲惫，让我们的精神紧张，让我们无法去享受生命中的美好。这些对于我们来说，都是数不清的苦，都难以让我们快乐。

一次次加班熬夜，让我们疲惫不堪；一次次突发紧急情况，让我们寝食难安。我们日日奔波在荒凉的山野，远离家人，与风雨相伴，与日月做邻。难以驱赶的孤独，噬咬着我们的内心。我们不得不冒着严寒酷暑，承受着身体难以负载的劳累。

好走的路都是下坡路，上坡路都是很难走的。遇到这些苦，我们该怎么办？我们的态度应该是“以苦为乐”！

苦和乐，都是内心的感受。当我们厌倦那些困难，强迫自己去接受、去承担的时候，那些困难就都是苦的；当我们欣然接受那些苦，不再排斥那些磨难，我们也就不再感到那些是苦，甚至可以把苦转为快乐。

青年时期，是奋斗的时期，也正是吃苦的时期。

生命不是用来抱怨的，人总是在困难中前行。苦难，往往是成长进步的基石。看到苦难后面的那一方天地，我们便不再抱怨，而是去享受苦难，从而最终收获快乐。

南非黑人领袖曼德拉，从青年时期起，就决心为整个南非黑人的自由平等而奋斗。他领导黑人抗议不公正的法令，反对种族隔离。他领导黑人罢工，抗议和抵制白人种族主义者成立的“南非共和国”。这个奋斗目标，也让曼德拉付出了巨大的代价，他因此被逮捕关押到监狱里。

在监狱中，曼德拉平时要被狱卒们逼迫到岛上的采石场做苦工，备受折磨。可这些苦，都被曼德拉化作继续前进的动力。他踩着这些苦难，继续朝着自己的目标前行。在只有4.5平方米的牢房里，他坚持锻炼身体，每天做俯卧撑。等到狱卒晚上休息以后，他借着昏暗的灯光，自学了阿非利卡语（南非荷兰语）和经济学，并偷偷完成了几十万字的回忆录。

监狱的苦难没有压垮曼德拉。相反，他以苦为乐，任何时候出现在公众面前，他的脸上总是挂着那个标志性的微笑。若以苦为乐，无论什么样的困难，也阻止不了一个人的成功。

在监狱中度过27年后，72岁的曼德拉被释放，并被当选为南非首位民选黑人总统。在与苦难做了27年的斗争后，曼德拉终于实现了终生为之奋斗的目标。成为总统的曼德拉，在沙佩维尔正式签署了新宪法，规定所有南非公民，不分种族、性别、宗教信仰和社会地位，在法律面前一律平等。新宪法的签署，标志着“一个新国家的诞生”。 试想，如果没有几十年的监狱生活，能有后来的曼德拉吗？

人生，受苦是必然的，我们不可能一点苦都不受。只有享受，这样的人是很少的。所以我们的快乐有多少，取决于我们对苦的态度。如果我们把苦变成了乐，我们的乐就多了一倍。

“不经一番寒彻骨，哪来梅花扑鼻香？”以苦为乐，享受苦难，用乐观的精神看待苦难，那么，这个世界上再也没有可以难得住我们的困苦，也没有什么可以阻挡我们前进的脚步。吃得下普通人吃不下的苦，以苦为乐，我们就不再是普通人。

对生活多一份感激

有一个乞丐，到一户人家去讨一个馒头。这家的主人非常善良。他说：“看你这么困难，我给你十块钱吧。”这个乞丐非常感激，到处说主人的好话。一个月后他又来了，主人又给十块。再一个月，他又来了，主人又给十块。主人每月给他十块，给了一年。

到了第二年，乞丐又来了。主人说：“我不能给你十块钱了，因为我家里来了个远方亲戚，我得照顾他。我只能给你五块钱。”这个乞丐大发雷霆，说：“你太不仗义、太不道德了，竟然拿给我的钱去养你的家人！”

当然，这只是一个故事，但说明了一种心态。人，有的时候常常不知足，欲望太多，所求太多，便带来了无数烦恼。职场新人要学会知足，不要总是对自己的收入、待遇和岗位不满意，总想着更高的职位，更高的薪酬。

年轻人刚参加工作，不应该跟现在的柳传志、马云去比，要比就跟同年龄段的他们比。他们年轻的时候在干什么？他们那时候的生活条件是什么样的？那时，柳传志刚学开汽车，当了一名汽车兵；马云还在到处跑着，吃了上顿没下顿，也没有什么名气。

现在年轻人找工作，往往都想找钱多的、事少的、离家近的。但是这个世界上，从来没有一份工作钱多、事少、离家近。看着现在的柳传志、马云整天坐直升飞机，好像不干事，爬山涉水地玩，殊不知，这是他们人生积累的结果。

人生的每一阶段有每一个阶段的特点，只要我们在这个阶段是优秀的，就已经足够了。如果始终不知足，恐怕你会一直处于不快乐的心态中。

人们对金钱的欲望是无止境的。我们有一千块，还想有一万块；我们有一万块还想有一个亿；我们有一个亿，还想有一百亿甚至更多。这是无止境的。只有知足，我们才能保持心态的平静和快乐。

知足，要懂得感恩，对已经拥有的东西心存感激。感激多一点，我们的快乐就多一点。如果我们认识不到这个问题，老是去抱怨，最后帮我们的人就会越来越少。

懂得知足，懂得感恩。感谢工作给我们生活所需的钱财；感谢家人给我们一个温暖的港湾；感谢朋友给我们无私的帮助和支持；感谢对手给我们成长锻炼的机会；感谢生命让我们体会到世间的美好。当我们学会知足，学会感激，我们便学会爱和宽容，成为一个快乐和幸福的人。

不要太计较得失

吃亏为乐，是一种胸怀，一种气度。

清朝康熙年间，当朝宰相张英在安徽桐城县的老家盖房子，地界紧靠叶家。叶秀才提出要张家留出中间一条路便于出入，而张英家也据理力争，毫不相让。老管家觉得自家建房有理有据，况且又是堂堂宰相家，叶家一个穷秀才不值得搭理，就按照自己的要求把新墙砌了起来。可没想到，叶秀才咽不下这口气，一纸状文把张家告到了县衙，打起了官司。

远在北京的张英知道后，给管家写了一封信，内容只有一首诗："一纸书来只为墙，让他三尺又何妨！万里长城今犹在，不见当年秦始皇。"管家看到后，立即决定拆墙，后退三尺。叶秀才看了这首诗，也十分感动，就把自家的墙拆了也后退了三尺。于是，张、叶两家之间就形成了一条六尺宽的巷子，被称为"六尺巷"。

吃亏是一种远见，是一种大处着眼的意识。

我们要舍得吃亏，不要总想着占便宜。如果我们乐于吃亏，别人也就愿意吃亏，会给我们带来好处。在职场，要学会吃亏。吃小亏，有时候，我们会因此赚大便宜。

我家附近有两个卖水果的摊位。一个摊位的老板很和气，有人去买水果，对于几角几分的零钱，他就笑哈哈地说不要了。新进了什么水果，他也总是送一个，让人免费尝尝。而另外一个水果摊位的老板，斤斤计较，一分一厘都不能少。

半年过去了，我只是看到，第二家水果摊上不新鲜的水果越来越多。摊主不得不在傍晚的时候大量打折处理。即使这样，他的水果也很难卖得出去。又过了一段时间，我路过这家水果摊，发现已经不在了。而第一家水果摊，每天都有不少的人。老板脸上的笑容更加灿烂了。

无论在生意场还是在职场，吃小亏并不会给你带来显著的损失，可是却让大家记住了你的为人，赢得了大家的信任。实际上，你是在赚大便宜。

生活不可能处处公平，时时公平。有的青年人在单位里吃不了一点小亏，受不了一点委屈，动不动就辞职走人。可从长远来看，恰恰吃了大亏。最近有个很有名的老板，谈招聘员工的标准，就看应聘者在之前的工作岗位上干了多长时间，学历及其他条件都是次要的。如果半年、一年换一个单位的，这种人坚决不能用。

他为什么这样做呢？首先，这样的人忠诚度值得考虑。其次，这说明他遇到难题就退缩。万一他在关键时刻撂挑子走了怎么办？关键时刻顶不上去，这种人不值得信任。

所以，青年人不要太计较一时一地的得失，吃亏好，特别是小亏，多一点无妨，就当是在磨炼我们。

锻炼身体和修炼心性一样重要

身体的健康是事业的基础，没有健康的身体，其他一切都是空想。有个形象的比喻，身体健康是1，事业、成功、财富这些都是1后面的0，如果最前面这个1没有了，那么这些0也都将没有了意义。

身体健康重要，心理的健康同样重要。

当今社会，生活节奏快，心理压力大，有心理疾病的人也越来越多。据世界卫生组织估计，全球每年自杀未遂者约1000万人。在中国，据调查，13亿人口中各种精神障碍和心理障碍患者达1600多万，1.5亿青少年人群中受情绪和压力困扰的就有3000多万。

这是个很可怕的数字。大家要学会调节自己的心理，保持心理健康。心理健康，和我们的生活态度、为人处世态度都有很大的关系。

一个心理健康的人，应该有高远的格局和宽阔的心胸，大度宽容，不计较眼前得失，目光长远，坦荡大气。

一个心理健康的人，应该是一个勤奋的人，在人生有限的时光中，不断学习，迎难而上，坚忍不拔，用汗水实现心中美丽的梦想。

一个心理健康的人，应该是一个善良的人，爱自己，也爱他人。当他伸出相助之手，扶一把身处困境的他人，他的心里，也会生出一点温暖。

一个心理健康的人，应该是一个快乐的人。他身处顺境，处之泰然；他身处逆境，心平气和，坦然面对挫折，从容应对苦难；他知足感恩，不怨天尤人；他在低谷中自信豁达，在顶峰上从容淡定。

一个心理健康的人，应该是一个心向阳光的人。他凡事不往坏处想，保持乐观豁达。

保持心理健康，需要自我不断地修炼。要经常问自己：我的思想是不是有偏差？需要做些什么调整？多读经典，向周围的老师和年长者学习，向那些有正能量的人学习，做一个奋发向上、格局高远、善良快乐、阳光开朗的人。

幸福是一种能力

每个人都渴望得到幸福，可是，幸福如同弥散在周围的香气，虽然能感受到，但当我们伸手去抓的时候，却发现手中什么也没有。

幸福来自于内心对外部环境的感受。这个感受，是对外部环境比较后所就得的。同样的环境，每个人的感受是不一样的。有人有满足感，他的幸福感就好一点；有的人感觉不太满足，他的幸福感就差一点。

幸福感，还来自于个人被他人认可、尊重的感觉。当我们感觉到自己生活在社会上是有用的，是能够贡献正能量的，我们的幸福感就会多一点。

据媒体报道，28岁时，李嘉诚就已跻身百万富豪之列。他开始享受物质带来的快乐，穿名牌西装，带名牌手表，还买了一套大房子，接来母亲同住。可是，李嘉诚慢慢发现，财富并不能让一个人真正快乐，有时他甚至郁郁寡欢。直到有一天，他明白过来，财富只有用来帮助别人时才是有意义的。从那时开始，李嘉诚不断捐献。52岁那年，他成立了李嘉诚基金会。捐献财富，给李嘉诚带来许多真正的幸福和快乐。

幸福，还来自于需求得到后的那种满足感。

根据马斯洛的需求层次理论，在不同时期，不同人群有不同的需求。当我们的安全得到满足的时候，我们会更追求精神层次的需求，我们会需要成就感和被认可的感觉。只有我们感到安全，感到自己被认可、被尊重的时候，我们才会感到满足，才会变成一个快乐幸福的人。

对于青年员工来说，到了一个新的环境，首先需要一种安全感，一种归属感；其次，他要能够在这里学习、成长，有成长的机会与平台；再次就是基本收入的问题，他应该有基本的收入。有了这三个条件，我们在这个单位里，就会是感到满足和幸福。

幸福感，也来自于我们的成就感。

在工作中有成绩了，受到了领导的肯定，说明我们是一个有用的人，我们就会有一种成就感。这种成就感不是说要很伟大，一定要像马云那样才有。其实每个人在生活与工作中，有了一点成就和进步都会产生一点小的成就感。

此外，在工作中，我们的能力不断增长，也能带来成就感。我们通过学习——通过向同事学习，向书本学习，向实践学习，持续学习，工作技能提高了，我就有了成就感。

从这个角度来看，获得幸福，就需要我们不断地去学习，追求成长和进步。在人生的不同阶段，都不断有新的目标。人生一定要有个远大的目标。目标不断实现，我们也就不断拥有成就感和幸福感。

幸福，还是一种心情舒畅的境遇与生活。幸福和快乐，本是一对孪生兄弟，有了快乐，我们也就离幸福不远了。当我们面对苦难能够做到以苦为乐，当我们面对委屈做到吃亏为乐，当我们不断伸出双手助人为乐，我们每天都是快乐的。如果我们在生活中，时时处处都能够保持一种快乐的心境，内心充溢着对生活的满足，我们也便成了一个幸福的人。

成功是得到尊重

在中华传统文化中，修身齐家、治国、平天下，是成功人生的一个标准。古往今来，无数仁人志士在这个理想指引下，苦读诗书，博取功名，报效国家，走出一条奋斗求索的人生之路。

修身养性，报效国家，造福天下苍生，这是一个美好的梦想，但也是只有少数人才可以触及的梦想。

现代社会体系就如一个快速运转的庞大机器。精细的社会分工，把每个人变成了一颗颗螺丝钉。人们进入职场，就被牢牢地钉在某个生产线上。众多的职场人士，终其一生，也只是处在普通的岗位上，默默地跟随社会机器运转着。他们远离财富和权力，过着平凡的生活。那些薪酬高、权力大的岗位，只属于在竞争中脱颖而出的少数人。

难道，在平凡的岗位上就是失败吗？打拼、奋斗、晋升职位，获得财富和权力，难道只有沿着这个轨迹发展的人，才算成功吗？难道每一个人都需要沿着这个轨迹发展吗？

对于成功，不同的人都有不同的看法。在我看来，金钱和权势，并不是定义成功的要素。成功，其实就在“尊重”二字。

马斯洛的需求层次理论，是对人性深刻的洞察。每一个人，内心都有天生的各个层次的需求——生存、安全、情感、归属、尊重、自我实现。我们的人生，不过是在为这些刻在基因深处的需求而忙碌。

在职场拼搏奋斗，赢得财富和权力，实现自我价值，也不过是在满足内心深处的高层次需求。满足这些需求，我们内心才会变得宁静，才会获得幸福和快乐，也才可以称得上是成功。

一个人最终的需求，就是赢取他人的尊重，获得自己对自己尊重。我想，一个人，如果能够得到“尊重”这两个字，那他的心灵就是充实的，他的灵魂就是宁静的，他也就是成功的。

受到大家的尊重，得到大家的敬仰，很多时候，和财富、地位并不是总成正比。在社会的各个领域，各个群体，都有一些人，做事公正无私，为人真诚善良，也因此得到大家的敬重和爱戴。他们用人格的光辉，让众人为之侧目。

有一个名叫白先礼的老人，蹬着三轮车拉客人，风里来雨里去，住着简陋的窝棚，穿着捡来的衣服，吃着馒头加白开水，用省吃俭用的钱，资助了大量的贫困学生。他淡泊名利，无私大爱的人格，感动了整个中国，让无数人为之落泪。

不管是乡村、小城镇还是大都市，每一个生活圈子里，总有一些这样的人，他们虽然没有金钱、财富和地位，但总能得到其他人的尊敬，默默地影响着周围的人。他们靠的是学识修养，靠的是道德品性，靠的是内心的修为。

我幼时生活在一个偏僻的小村庄，村民们过着耕田种地的生活。那时，大家的生活相差不大，没有有钱人和穷人的分别，金钱也不是衡量一个人身份的标准。

村子里有几个与众不同的人。他们中有的人知识渊博，或者懂得耕田种地，或者懂得医术，或者通晓历史古今故事。大家有什么不懂的，都喜欢去请教他们。有的人乐于助人，谁家有了困难，都会找到他们帮个忙。有的人处事公平合理，大家有什么事情，都喜欢去找他谈一谈，哪怕是家里闹了矛盾吵了架，也去找他评理。

对于这些人，村民给予了极大的敬重。大家见面总要打个招呼问声好。村民遇到难以解决的矛盾和问题，只要他们出面说句话，大家都一致赞成照办。在我们小孩子眼中，这些人身上似乎笼罩着一种神秘的光环，总感觉他们很伟大，是值得我们学习、效仿的人。这些人，受到了所有村民的尊敬和爱戴，在我看来，他们也是成功者。

我想，不管大到一个国家，或者一个数万人的集团，小到一个村庄，一个家族，如果在我们力所能及的范围内，做好自己，赢得众人的尊重和敬仰，那就是一种成功。

如果说，人的成功有什么规律的话，我想，沿着道德之路，崇尚真、善、美，一定是通往成功最快捷的道路。权力和财富的巅峰，比拼的还是做人。真正的成功者，都是注重修养、品德高尚之人。如果我们没有走上那条通往权力和财富的路，那就修养身心，做一个德行深厚的人。我们无论在什么地方，在什么位置，都是一个成功之人。

本章后记

快乐、幸福、成功，让我们每一个人竭尽生命去追寻。快乐和幸福，如同清澈的流水：当我们想要抓住它的时候，它便从我们的手中流失；当我们伸开双手，去感受它的时候，它就会驻留我们的掌心。

快乐、幸福，不是用来追求的，而是用我们的心灵去感受的。有些人，总也感受不到快乐和幸福，那是因为他们的内心，没有感知幸福的能力。调适自己，培育我们感知幸福的能力，在苦难中感受快乐，对生命充满感激，我们就会是个快乐和幸福的人。

成功，不能用金钱去衡量。无论我们处在什么样的位置，处在什么样的环境，修炼好自己的内心，塑造好自己的道德品性，我们都能赢得他人的敬重，成为一个让他人尊重，自己也尊重自己的人。此时，我们的内心充满安宁，充满快乐和幸福，我们也就成为一个真正成功的人。

第十二章　学传统经典，悟修身养性

当下社会，有一些人否定传统文化，认为中华传统文化不如西方的工业文明更有利于当代社会的发展。殊不知，一种文明的出现，自有它生存、发展的土壤。西方文明固然创建了工业社会的辉煌，但我们也要看到，西方文明里有一个不可缺少的部分，就是信仰，即敬畏。它时刻在约束着工业文明中人们极易膨胀的物质欲望。

当工业文明在中华大地扎根生长，我们的传统文化更不能轻易丢弃。怀有敬畏之心、修身养性，这些中华文明的传统思想，可以约束个人行为。它们是工业文明的补充，更是社会有序运转的基石。如果我们每一个人都存有敬畏之心，修养好自己，那这个社会的运行就会进入良性的发展轨道，我们也都将从中获益。

常存敬畏

在西方国家，人们普遍信仰宗教。宗教是约束人的内心的一种形式。而中国传统文化，一样提倡约束自己的内心，强调要有敬畏之心。有所敬畏，才能修养好自己的品性。我们传统文化中的敬畏，不是敬畏一个摸不着看不到的偶像，而是敬畏真实的自然、真实的社会规范和真实的人。

孔子说："君子有三畏：畏天命，畏大人，畏圣人之言。小人不知天命而不畏也，狎大人，侮圣人之言。"在孔子眼里，人要有三畏：天命、大人和圣人之言。畏，不是害怕，而是敬重。对于这三者，我们要敬重，要用认真的态度去认识，去把握，去遵从。

君子三畏，第一畏就是天命。

天命，在古代指上天的意志。古代科学技术比较落后，人们对打雷、下雨这些自然现象认识不清，就把它们当成上天的意志。人们崇尚占卜、占星，试图通过这些活动来知晓上天的意志，并依照所谓的天意行事。

放到今天，天命即是大自然的运行规律。比如，春夏秋冬四季交替，春天百花盛开，夏季炎热难耐，秋季落叶缤纷，冬季冰天雪地，都是大自然固有的运行规律。这些规律，我们难以改变，只能是去认识，去研究，去遵从。

人类的历史，相对于宇宙，是很短暂的。宇宙已经历经100多亿年，地球已经存在40多亿年，而人类的历史只有100多万年。地球上的沟沟壑壑、山山水水，气流、风、雨，它们的形成都是有一定规律的。

自然的运行规律处处存在。大到山水沟壑，小到原子、质子，都在遵循一定的规律运行。在微小的原子、质子面前，人就如一个庞大的宇宙，但是人也只能被它左右。比如，一个人的基因不管经历多少岁月，总是不断地复制自己，一代代地遗传下来。

对于自然规律，我们不能人为地去干扰它、破坏它，不能总想着去改造它、打破它。因为地球还在运转，处在一种动态平衡的过程中。我们只有去适应这个规律，在可认知、可操作的范围内，认识这些规律，并遵循、利用这种规律，将其转化为我们的智慧，运用于我们的实践。否则的话，我们就会受到惩罚。

恩格斯指出："我们不要过分陶醉于我们对自然界的胜利。对于每一次这样的胜利，自然界都报复了我们。每一次的胜利，在第一步确实取得了我们预期的结果，但是在第二步和第三步却有了完全不同的、出乎意料的影响，常常把第一个结果又取消了。”如果你把地球的平衡打破了，它就会寻找新的平衡，在寻找新的平衡中，受伤害的就是人类。

天命，在今天的社会中，也包括国家、社会的运行规则以及个人为人处世的道德底线。

国家和社会的存在发展，要遵照一定法律、规范。现代社会中，有一些人轻慢甚至践踏法律，为了追逐更多的物质财富，不顾产品质量，甚至不惜牺牲他人的健康和生命。从短期看，这些人确实得到了一些物质利益，可是从长远来看，却使整个社会陷入困境。身处社会之中的个人，怎能得到长远的发展呢?

人与人之间的相处，也要遵循一定的道德底线。这些自然规律、运行规则和道德底线，是人类赖以生存的规则，是国家、社会和个人得以存在的规范。对于这些，作为一个个体，我们要敬重，而不是轻慢，否则，就会受到惩罚。

中华传统文明是依靠修身养性、人伦关系等个人自律、人与人相互约束的方式，来制约着每一个人的行为举止。如果我们否定了中华传统文明，就等于抹掉了那份自律之心，抹掉了人与人之间的道德规范。当追逐物质利益的工业文明来到中华大地，刺激着一颗颗蠢蠢欲动的心，这些失去了约束的心便不断冲破道德的底线，在工业文明的借口下，做着仅仅利己而不用考虑他人利益的事情，最终的结果，是整个社会陷入共同的困境。

君子第二畏，是畏大人。

大人，在古代，指德行高、地位高的人。放到今天，可以是指修养深厚的长者，德高望重的老师，也可以是指作为榜样的道德楷模，维护社会正义的英雄……他们有的对社会和人生有着深刻的见解，有的有着一颗善良正义之心。对于他们，我们要尊敬。

现代社会有个不好的倾向，媒体上一报道榜样、英雄或者好人的事迹，就会有一些人戴上有色眼镜，用怀疑的目光去把他们深刻分析一番，把这个人做事的动机、行为和做事的结果，批驳得头头是道，似乎只有把这些人拉下光荣榜，再踩到脚下，才显示出自己有多么高明。可是，这么做的后果，是社会上英雄越来越少、善良正义的人越来越少……当我们陷入困境的时候，那个原本想伸手帮上一把的人，也因为各种顾虑悄悄地躲开了。

历史上，有一个子路受牛的故事。子路救了一个落水者，人家送了一头牛给子路表示感谢。对此，孔子说："从此以后，鲁国人必定会去救落水者。"这个简单的故事，表明了孔子对于做好事的人的态度，就是要去尊敬，甚至可以给予一定的报偿。只有这样，其他人才愿意效仿。当今社会，当有老人跌倒，前去扶老人的人反而被讹诈的时候，越来越多的人不再敢去扶跌倒的老人，善良和正义也因此蒙上了灰尘。

如果每一个人都做到"畏大人"，对于那些英雄、榜样、师长都有一颗敬重之心，整个社会形成了尊重正义、敬重真善美的氛围，那社会上会出现越来越多的英雄好人，整个社会的秩序，会变得更加和谐美好。

君子第三畏，是畏圣人之言。

圣人，在古代指修为很高、心系天下苍生的人，比如尧舜。放到今天，我们可以理解为是那些先贤、哲人，比如孔子、孟子、庄子、王阳明等。他们洞察世事，知晓古今。他们的言论富含哲理，已成为人们的道德规范、行为标准。对于这些人，我们要敬重，对于他们的话，我们要认真地去倾听，并内化为自己的行为。

有的人说，这些先哲确实很有智慧，提出的言论也很有指导意义。但是，这些言论还适应今天这个时代吗?

圣人之所以被称为圣人，是因为他们的言论是深入思索天理、社会和人伦所得到的思想，经过了数千年验证，被世代继承和发扬。这些智慧，是对社会运行规则、人类整体生存发展的思考，是规律性的认识。他们的言论，千百年来如同一个信仰，约束着每个人的行为，规范着社会秩序。即使科学、技术、文化发生了很大变化，但是这些规律性的认识，哪怕穿越千年，仍然具有生命力。

从民族文化传承的角度，我们今天的文化，从数千年的历史中演化而来。不管一个人是不是承认它，接受它，都生活在这个文化编织的大网中。如果否定它，我们就会陷入没有文明思想制约，没有文化根基之境地。

对于“圣人之言”，我们要有所敬畏。即使是由于时代环境的限制，他们的观点有不太适合当代社会的地方，我们也要给他们的思想赋予新的时代内涵，去继承与发展。

敬重自然规律，我们才能与大自然和平相处，守护着人类的家园。敬重国家、社会的运行规则，国家和社会才能顺利地运转，我们每个人也能安然生活其间。敬重德高望重的师长、好人和英雄，社会才会出现越来越多富有道德、知识、善良、正义的人。敬重先哲之言，传承、发展我们这个历经数千年积淀下来的文化，才能找到我们的立足之本，生存之根，才能让整个国家、社会不断进步发展。

格物致知

儒家经典《大学》的开篇写道：“古之欲明明德于天下者，先治其国。欲治其国者，先齐其家。欲齐其家者，先修其身。欲修其身者，先正其心。欲正其心者，先诚其意。欲诚其意者，先致其知；致知在格物。”也就是说，成就事业，要先修身。如何进行修身呢？儒家提出了修身的途径，那就是做到诚意正心，“格物致知”。

所谓“格物致知”，就是要在实践的过程中观察分析天下万事万物，把握个别的、特殊的事物的本质和规律。然后，经过长期的认识、思考，融会贯通，进而达到对于事物之普遍本质和一般规律的认识，并将这种普遍性的认识转换为一种方法、智慧和能力。

格物致知，就是去探求事物的发展规律，认识事物的发展规律，并从中找到解决问题的方法和智慧。万事万物的运行，都有自己独特的规律。比如在农业领域，面对季节的更替，天气的变化，从古至今，人们虽然无法左右，却可以发现这些季节、天气变化背后的规律，并用来指导自己的活动。

在建筑、金融、生物、环境、传媒等各行各业，在形形色色的事物表象之下，都有内在的、可以探寻的规律。把握这个规律，你便能把事情做到最好，甚至能走在这个领域的前列。

现在被广泛使用的微信，已经位于即时通讯工具软件使用量第一的位置。我们可以去想一想，微信的推出，仅仅是运气，是偶然吗？恐怕不是。微信创始人张小龙在演讲中说："你感觉到现在社会的流行趋势像潮水一样往某一个方向走。这种暗涌，就是最前沿最具革命性的东西。"

张小龙所说的"方向"、"暗涌"，就是在名目繁多的新媒体产品中所共同具备的规律。它支配着用户的喜好，指引着新媒体产品发展的方向。张小龙敏锐地发现了这个规律，然后研发、细化到自己的产品中。于是，这个名为"微信"的产品便迅速风靡，成为大家手机中离不开的一个社交软件。

认识规律，把握规律，就能帮助我们解决难题，成就事业。那么，我们如何做到格物致知呢？对于这一点，我们可以借鉴一下道家文化。

在道家文化中，“道”是自然、天地万物的本源。规律，也蕴含在其中。这个“道”字拆开来看，一个“首”加一个“走”，也就是“面之所向，行之所达”，就是“道”。意思是说，我们眼睛看到哪里，道就在哪里。我们走到哪里，道就在哪里。

在老子眼中，道，无处不在，无时不在。同时“道”无法表达也不能表达。我们写出来的“道”，就不是“道”了。所以，“道可道，非常道”。“道”是“道”不出来、表述不出来的，一旦“道”出来，那就不是“道”了。

那么人们应该如何把握“道”呢？老子认为：“道常无，名朴。虽小，天下莫能臣。侯王若能守之，万物将自宾。天地相合，以降甘露，民莫之令而自均。”意思就是，“道”虽然很朴素，很小，但天下没有能让它臣服的，人们只能臣服于它。当王侯的人，如果能够守住这个“道”，万物就自然而然地臣服。人们不需要给万物下达各种指令，它们就可以自动均衡地发展了。我们不是“侯王”，但是如果我们能守住“道”，一切问题都可以迎刃而解，一切艰难也都可以通过。

“上善若水。水善利万物而不争，处众人之所恶，故几于道，居善地，心善渊，与善仁，言善信，政善治，事善能，动善时。夫唯不争，故无尤。”意思是说，世上最好的事物就是水了，因为水“利万物而不争”，并且“处众人之所恶”。众人不愿意去的地方，它去。水总是往低处流的，水能破解万物，万物都离不开它。水的这个特性，几乎接近于“道”了。

生活中，要遵循“道”，我们仿效水的特性去做就行了。居住要有选择，胸怀要博大，待人处事要真诚友爱，说话要言而有信，理政要善于治理，做事要能干，行动要选择时机，总之要符合规律，顺天而行。通过“不争”，从而达到“无尤”的境界，做什么事都能够恰到好处，让人没有什么可埋怨指责的。这样做，我们就已经接近“道”了。

对于今天的我们，格物致知，仍然是为人处世的有效法则。不管从事什么样的工作，不管和什么样的人打交道，我们都可以去想一想工作背后的规律，与人相处的规律。做一个如水一样“善利万物”的人，那我们就接近万事万物的根本特性。用格物致知的思想来对待工作、生活，做一个善于思考、观察的人，认识规律，把握规律。那么，在职场，恐怕难得住我们的人和事就不多了。

诚意正心

在儒家经典中，格物致知就是为了实现“诚意正心”，这些都是修身的途径。那么，什么是“诚意正心”？诚意，就是使自己的用心更真诚、更可信、更实在。正心，就是让自己的内心更正大、更光明。诚意正心，就是让自己的心灵，变成真正的光明体，发出信实、正大的光芒，去引导自己的生命，走向光明、正大的路程，去点亮自己，照亮别人和世界。

“诚意正心”是人的生命中最核心的部分。修养身心，就要从“诚意正心”做起。实际上，如果我们有了知识，有了智慧，但意念是歪的，整天想着害人家，那就算有能力，也是危害社会、危害他人的能力，又怎么能够取得事业上的成功呢？

2014年，北京大学校长王恩哥在当年本科生毕业典礼上的致辞中，勉励学生在纷纭复杂、瞬息万变的世界中，要坚守“砥砺德行，立己立人”的道德追求。他认为，无论什么时代，砥砺德行对于修身、齐家、治国、平天下都具有基础性的重要作用。只有个人的德行修养立得住，才能影响别人。

那么，如何做到“诚意正心”？

首先，要像《论语》所说，“民无信不立”。“民”，可以是讲众人，也可以是讲个体。大到一个国家，一个民族，无信不立；小到一个家庭，一个个体，也是无信不立。我们要想“立”，就必须讲“信”，这是最根本的。不讲“信”，最后伤害的是自己，我们就“立”不起来。

“诚意正心”除了做到这个“信”，还要做到什么呢？我引用《论语》的一段话："子路问君子。子曰：'修己以敬。'曰：'如斯而已乎？'曰：'修己以安人。'曰：'如斯而已乎？'曰：'修己以安百姓。修己以安百姓，尧舜其犹病诸？'"大意是，有一次，子路向孔子求教，如何才能把自己修炼成君子。孔子说："把自己修得恭恭敬敬的，坐有坐相，站有站相，端庄得体，让人没啥可挑剔的。"子路说："这样就够了吗？"孔子回答："把自己修好了，还要给周围的人带来益处。"子路又问："这样就够了吗？"孔子回答说："周围的人安定了，还要继续修己以安天下百姓。能够通过修己来安定百姓，恐怕尧舜都很难做到啊！"

"修己以敬，修己以安人，修己以安百姓"，是我们修身的三个层次，其中"修己以敬"，是最基本的前提，然后再"安人"，再"安百姓"。

如果我们连"安百姓"都能做到了，那就比尧舜还做得好。尧舜是古圣先贤，我们每个人都要向他们看齐，就像毛泽东讲的"六亿神州尽舜尧"，那整个社会就肯定是好的了。

《道德经》里还有一句话，也是讲"诚意正心"的："自见者不明，自是者不彰，自伐者无功，自矜者不长。"这句话什么意思呢？就是，自己爱表现、爱张扬的人，不够明智，不够聪明。自己认为一贯正确的人，不能彰显，不能被别人认可。自己认为作了很大贡献的人，其实并没有功劳。自己不虚心，总喜欢骄傲自满的人，不能够长远。我们要“诚意正心”，就不要做“自见者，自是者，自伐者，自矜者”。

做没做到“诚意正心”，怎么去判断呢？“君子有九思，视思明，听思聪，色思温，貌思恭，言思忠，事思敬，疑思问，忿思难，见得思义”。就是看的时候，我们要思考自己看清楚了没有，不要什么事情都没看明白，就做出决定；听的时候，我们要考虑听清楚了没有；还要考虑我们的面部表情，是不是做到温顺谦让了。

我们的外貌、形体是不是对人恭敬，能给人留下一个好的形象；我们是不是忠于我们的组织，忠于我们的誓言和诺言；我们做事的时候，是不是敬业爱岗，是不是怀着一种恭敬的心情去做，是“当差”还是“做事”；有疑问的时候，我们是不是认真分析寻求答案，有没有想当然；遇到不平，我们有没有发怒，有没有想到发怒可能带来的坏处；得到了，有没有想想，是不是符合道义，符合正义，符合法律，符合公理，等等。

我想，能够做到以上所说的，就是“诚意正心”。

修身养性

“物格而后知至，知至而后意诚，意诚而后心正，心正而后身修，身修而后家齐，家齐而后国治，国治而后天下平。”格物致知、诚意正心，是一个人修身养性的途径。而修身养性的结果，是实现齐家、治国、平天下的人生理想。那么，怎么样才算是修身养性成功了呢？

在儒家文化里，修身的一个很高的境界就是成为君子。纵观《论语》，有107处是讲君子的。我在这107处中挑出30句，然后将这30句又归纳成十个方面，就是“君子十品”。

君子第一品，是讲孝和仁的。“君子务本，本立而道生。孝弟也者，其为仁之本与。”儒家讲仁，孝悌是仁的根本。如果一个对父母都不尊重孝顺、对兄弟姐妹都不关爱的人，他能做好人吗？如果把企业比作大家庭，企业员工都是兄弟姐妹，大家要相亲相爱。

另外，“君子不重则不威。学则不固。主忠信。无友不如己者。过则勿惮改。”就是说，君子只有庄重才有威严。人与人之间需要互相尊重，不庄重就会轻浮。君子要善于学习，因为学习可以使人开通。更重要的是，君子要讲忠信。不要与自己不同道的人交朋友。有了毛病不要忌惮，不要掩饰，要改正错误。

君子第二品，是讲学习的。子曰：“学而时习之，不亦说乎？有朋自远方来，不亦乐乎？人不知而不愠，不亦君子乎？”“学而时习之，不亦说乎？”古代这个“说”是通假字，通“喜悦”的“悦”。

“时”的古体字是由“日”、“土”、“寸”三部分组合而成。古人利用日晷计时。晷针影子在表盘上移动一寸距离所花的时间称为“一寸光阴”。斗转星移，生生不息。“一寸光阴一寸金”的成语也由此而来。

“时习之”说的是“好书不厌百回读”，要不断地练习，不断地学习。学到老，活到老；活到老，学到老。这个“习”字的含义，一是“复习”的“习”，另一个是“练习”的“习”。练习是最重要的，学完后是为了去用的，能用学到的知识去指导实践，当然是一件喜悦的事了。

“有朋自远方来，不亦乐乎？”这是说对待朋友的。朋友从远方来看望我们，我们肯定高兴啊！

“人不知而不愠，不亦君子乎？”讲的是人家对我们不了解，我们也不要抱怨。有的人做了几件事，领导没有表扬，就生气了，这个不够君子。一定要把这些不君子的行为修正掉。

对“人不知而不愠”，还有一个注释。“子曰：‘君子病无能焉，不病人之不已知也。’”什么意思呢？君子只需担忧自己没有能力，不要担心人家不知道他有能力。一个人只要真有本事，大家就会知道，一时不知道，以后也会知道。

这是君子第二品，讲的是对待学习，对待周围的人，我们要怎么去做。君子要善于学习，并且凡事要善于从自身上找原因。

君子第三品，是关于言与行的。“君子欲讷于言而敏于行。”就是说话的时候要三思，行动的时候要敏捷快速。《论语》里还有一句，也是类似的意思：“君子耻其言而过其行。”对于言过其行、言过其实，君子是感到耻辱的。这是讲“言”与“行”的关系。青年人应该少说多做，在做中学，在学中成长，成长到一定程度，不用说，也会被大家看到。

君子第四品，是讲义和利的。“君子喻于义，小人喻于利。”“君子怀德，小人怀土，君子怀刑，小人怀惠。”“君子固穷，小人穷斯滥矣。”君子对义看得比较重，小人对利看得比较重。君子心中思考的是德行，小人考虑的是小利、私利。君子行动前参考道德法规，小人往往有侥幸的心理，总想干一些坏事又不被人发现。发达的时候大家都能做好，到了贫困潦倒时怎么衡量君子与小人呢？君子在贫困的时候能够安于贫困，小人则不然。所以，即使遇到最困难的情况，也能做到坚守底线，这才是君子的行为。

君子第五品，是关于交友的。“君子和而不同，小人同而不和。”“君子周而不比，小人比而不周。”君子态度和顺，但不会苟同别人。小人容易附和别人的意见，但其实不能与别人和睦相处。小人总是同流合污，君子有自身的原则。

君子怎么去交朋友呢？“子曰：‘益者三友，损者三友。友直，友谅，友多闻，益矣。友便辟，友善柔，友便佞，损矣。’”就是说，直率的，心胸广阔、能够体谅别人的，见多识广的，都是有益的朋友；性格古怪的，优柔寡断的，使坏、搞阴谋诡计的小人与佞臣，这些人不要交。“曾子曰：‘君子以文会友，以友辅仁。’”引申的意思是说，交朋友就要交这些高雅的、能够传递“正能量”的朋友。

君子第六品，是关于待人处事的。“君子成人之美，不成人之恶。小人反是。”有一些人，看到同事升职了，就写举报信，这就不是一个君子的行为。君子要成全别人的美事、促成别人的好事。

“君子坦荡荡，小人长戚戚。”君子心胸坦荡，小人心胸狭窄，总是东家长、西家短的，喜欢传谣。

“子贡曰：‘君子亦有恶乎？’子曰：‘有恶。恶称人之恶者，恶居下流而讪上者，恶勇而无礼者，恶果敢而窒者。’”君子厌恶总是说人坏话的行为，厌恶下级毁谤上级的行为，厌恶逞匹夫之勇而不讲礼节的行为，厌恶粗鲁莽撞而顽固不化的行为。我们每个人身上，既有君子的成分，也有小人的成分。如果我们把身上小人的品行都修正了，便全部是君子的品行。要把君子的行为发扬光大，把小人的行为去除，这是自我修炼的本质。

君子第七品，是讲敬畏心的。“子曰：‘君子有三畏：畏天命，畏大人，畏圣人之言。小人不知天命而不畏也，狎大人，侮圣人之言。’”是不是有所敬畏，这是君子和小人的区别。君子有三畏：对于天命和规律性要尊重，对于上级和长者要敬畏，对于圣人的教诲要听从。小人不知道敬畏，也不知道害怕。

君子第八品，是讲如何对待错误的。“子贡曰：‘君子之过也，如日月之食焉：过也，人皆见之；更也，人皆仰之。’”君子有没有过错呢？有过错。君子的过错像什么呢？像日食月食的样子。日食月食谁都看得见。但君子只要把错误改正了，人人都景仰他。君子有了错误，不要试图去掩盖。因为掩盖需要谎言，谎言多了，我们就圆不过来了。本来犯一个过错关系不大，但一掩盖，就需要很多谎言和过错来弥补，最终得不偿失。我们不如坦然面对过错，闻过则改。

君子第九品，是讲人生态度的。“子曰：‘不知命，无以为君子也；不知礼，无以立也；不知言，无以知人也。’”天命是一种规律性的东西。我们对规律性没有认识，违背规律去行事，就无以成为君子；不知礼节，我们就不足以在社会立足；不能了解言语背后的含义，我们就不能真正地懂得一个人。

所以要知命、知礼、知言，尊崇好的东西，明辨是非。譬如说父母、领导批评了你，你有些委屈，但这些批评一般是善意的。要从正面地去理解这些事情。

君子第十品，是讲行为仪态的。“子谓子产：‘有君子之道四焉：其行己也恭，其事上也敬，其养民也惠，其使民也义。’”这四句话是什么意思呢？就是孔子评价郑国的宰相子产，有四点最能体现君子的风范。

第一点就是严肃认真地对待自己、恭敬自己、尊重自己。如果连自己都不尊重自己，就不要指望别人真正尊重你。怎样尊重自己？用现代的话说可以叫“踏踏实实做事，老老实实做人”。同时也要注意外在的形象，以及与不同人交往的深浅程度等。第二点就是尊重上级领导，对事业或者职业要敬业。第三点就是对老百姓、对下属要施以恩惠。第四点是指在用人的时候要讲“义”。

另外，还有一句话，是形容君子给人的印象与感觉。“君子有三变：望之俨然，即之也温，听其言也厉。”君子应该是个什么样子呢？远远望去，君子外表很庄严、很威严；接近他的时候，感觉很温和、宽厚；听他讲话，则严谨不苟，很有指导性，都是一针见血的道理。

这便是我从道、学习、交友、言行、义利、仪态、为人处事、是非判断等方面，总结的“君子的十品”，即作为君子应具备的十种品德。在修身这个层面，如果这十条做好了，我们就是真君子。

修成君子，可以说一个人在修身这个层面已经有了一定成就。如果修养好了自己，那么，在齐家、治国、平天下这个层面，我们也将会有所收获。

在职场，如果把“家”当成一个团队，那么，“国”就是一个企业，“天下”就是广阔的市场。齐家、治国、平天下，就是我们通过修身，成为一名优秀的团队管理者，进而成为企业的领导者，带领着企业不断发展。

“子曰：‘其身正，不令而行；其身不正，虽令不从。’”如果你的品行端正，以身作则，那么，你即使不去命令大家，大家也会跟随你。一个人，如果修养好了自己，成为一个忠诚、守信用、善于学习、心胸坦荡的人，那么，在一个团队里，你也将得到大家的尊重和支持，成为一名优秀的团队领导者，一个优秀的企业管理者，你也将会领导一个企业不断赢得市场竞争的胜利，实现齐家、治国、平天下的理想。

本章后记

几千年来，祖先为我们留下了丰厚的思想财富，不管是做人、做事，还是治家、治国，那些简练的语言，宝贵的思想，在今天依然有着现实的指导意义。一个人不断地从中华优秀经典中汲取营养，修身养性，涵养君子品质，提升精神境界，就能达成做人、做事、治企、兴业的人生目标，乃至实现治国、平天下的宏图大业！

后 记

一般地说，百年人生中可以用在职业上的时间大约有五十年，而这职场五十年是每个人精彩人生中的精华。在这五十年里，职场中人尽其所能，演绎着属于自己的精彩。然而，大千世界瞬息万变，芸芸众生行色匆匆。人在职场，又会无时无刻地遇到无数的机会和挑战。有些看似细微的小事，有些看起来意外的偶然，有些不经意的应对，却会左右人生的走向，决定人生的结果。职场的每一步，都值得我们认真思量。

鲁贵卿先生在长期的管理实践中，尤其是在担任企业主要负责人期间，经常注意与青年员工进行沟通，倾听他们的心声。十多年来，每年的新员工入职培训第一课，每年的“青苗人才”（青年知识分子）座谈会，每年的大学生校园招聘会，平常深入基层与青年员工、业务骨干的交流互动，长期管理实践中带队伍、育人才的心得体会，对职业人生的不断思考等，都构成了这本书的基础性资料。

我们对这些“基础素材”进行系统梳理，加工精炼，遵循理论与实践相结合、方向与方法并重的原则，力求贴近当今职场实际、贴近青年内心，力求具有可读性、启发性、导向性、可行性，可思考，可借鉴。这就是目前呈现在各位读者面前的《职场心语：多数人能走的路》这本书的写作过程和写作目的。

本书共十二章，从总体的职场智慧、职场生存、职场发展、职场中的一些规律性现象和对中国传统文化的感悟等五个层面展开阐述。其中，第一章和第二章从总体上阐述了一个人在职场顺利成长、发展乃至实现人生理想的方法；第三章、第四章从具体问题入手，阐述了职场生存遇到的种种难题及解决方法；第五章至第八章从职场发展过程中遇到的各种常见问题入手，阐述了一个人如何在职场中不断发展进步；第九章、第十章总结了职业人生中的一些规律性的现象，对大家的职场发展具有一定的引领性；第十一章从人生目的角度，讲述了一个人最大限度获得快乐、幸福的途径和方法，并对成功进行了解读；第十二章是从“古为今用”的思想出发，深刻领悟中华传统文化的智慧，阐述了在当今社会环境下，“诚意正心，修身养性”对一个人修养自己，成就美好职业人生的现实意义。

这本书不是一本心灵鸡汤，也不是一本成功学著作，只是大家顺利找到职业发展之路的指引。那些即将毕业，对未来的职业发展充满憧憬的在校大学生，那些正在各行各业职场上拼搏的青年人，都可以读一读。或许，书中的观点和看法，能给在迷茫中的你以启发，从而重新思索自己的人生定位，成为一个优秀的人。

在本书中，我们选取了大量真实的案例，从职场最平凡的事件入手，阐述了做人、做事乃至在职场走得更远的智慧。如果这本书能够引起大家的一些思考，在漫长的职业生涯中有所借鉴，指引大家往优秀的路上前进一步，那我们的努力也就有了价值和意义。

鲁贵卿 雪静

2016年3月于北京